冷湖与热岛

中国未来聚落模式与空间格局

◎ 刘文翰 著

中国农业科学技术出版社

图书在版编目（CIP）数据

冷湖与热岛：中国未来聚落模式与空间格局／刘文翰著．—北京：中国农业科学技术出版社，2019.6

ISBN 978-7-5116-4205-9

Ⅰ.①冷… Ⅱ.①刘… Ⅲ.①高原-聚落环境-生态环境-研究-中国
Ⅳ.①X21

中国版本图书馆 CIP 数据核字（2019）第 096574 号

责任编辑　金　迪　崔改泵
责任校对　马广洋

出 版 者　中国农业科学技术出版社
　　　　　北京市中关村南大街 12 号　邮编：100081
电　　话　（010）82109194（编辑室）　　（010）82109702（发行部）
　　　　　（010）82109709（读者服务部）
传　　真　（010）82106650
网　　址　http://www.castp.cn
经 销 者　各地新华书店
印 刷 者　北京建宏印刷有限公司
开　　本　710mm×1 000mm　1/16
印　　张　16.75
字　　数　233 千字
版　　次　2019 年 6 月第 1 版　2019 年 6 月第 1 次印刷
定　　价　58.00 元

21 世纪中叶，我国将成为中等发达国家，那是怎样一种图景？

本书从城乡规划视角分析我国人口空间分布、经济格局与生活方式的演化趋势，设想在云贵高原与黄土高原形成新型人口聚居地并展望我国未来聚落模式与总体格局。这种预期基于两个前置条件：一是科技进步在社会转型期将使大量人口下岗失业，二是国内化石能源基本耗尽，无论依靠进口还是采用新能源，都不再是廉价消费品。

本书由北京天下价值文化传播有限公司资助出版

序　言

机器人开始尝试从实验室走进人们的生活，20 年后社会总体就业率不知还能保持在多少，怎样确保人人都有相对稳定的收入？

当国内化石能源消耗殆尽，雾霾可能会消散，蓝天重现，但油价又在不停上涨。国际能源价格我们无法掌控，有时只能适应，而新能源生产成本不一定乐观，普通百姓，尤其是低收入群体还能像现在这样消费得起吗？

中国共产党第十五次全国代表大会（简称党的十五大）首次提出了两个一百年的奋斗目标，第二个一百年是到 2049 年，即中华人民共和国成立一百年，我国建成社会主义现代化强国。届时我国老年人口将超过 4 亿，集约化、智能化养老可能是比较现实的选择，但集中到什么程度、在哪里集结，我们这些未来的老人愿意被集中吗？

一线城市房价高得离谱，年轻人"北漂"发展的机会所剩无几。没有新鲜血液流入，这些经济"领头羊"能否继续保持活力？

大城市已不堪重负，还能继续扩张吗？如果像西方发达国家一样实现高度的城市化，城市又未必负担得起，那滞留在乡村"就地城镇化"的人们又会有怎样的前景？

······

人们对未来既充满期待，也心存疑虑。按说现在应该有一套类似"未来三十年展望"系列丛书来满足人们不断产生的好奇心，或吃一粒定心丸。但谁来执牛耳，又从哪儿说起呢？毕竟这不是未来学范畴，更不是写科幻小说，因为前者并不针对某个具体时间和地区，比如像

《第三次浪潮》或《未来简史》；后者更像是长着两只翅膀到处乱飞，不需要承担什么义务与责任。

这些问题所涉及的领域从技术层面看首先应该是城乡规划要做的事。社会分工的这部分工作就是对可预见的未来提前做出空间上的安排，需要搞清楚这些空间所反映的实质内容以及它们的演化趋势。所有这些都将直接决定我们未来的生活，只不过这些并非政府某一个部门委托某个专业规划机构能够解决，而是需要几乎全社会的力量协同完成，涉及问题的学科也是五花八门，规划只是牵头进行综合协调。从这个意义上说本书也是面向公众的读物，是一个开放的体系，既需要公众参与，又不至于像量子力学、超静定结构那样晦涩难懂。但它又是专业的，要从眼前这些林林总总的麻烦背后去找到问题的根源，寻求解决途径。这些技术性的"基本面"一旦有了答案，其他问题才有可能迎刃而解，而规划的最大范围可以扩展到全国，从这一视角我们或许可以窥测到我国未来发展的某种技术途径，从而展望未来。本书正是尝试探索这样的"基本面"，给出的答案看似离奇，甚至有些异想天开，但陈述的基本事实与简单逻辑却又无法置疑。

近代发端于西方的城市化是工业化的产物，到后工业时期城市演变为以第三产业或称现代服务业为主的人口聚居地，我国似乎也在沿这一方向加速迈进。然而时过境迁，在可持续发展、现代信息技术与智能化的大背景下，我们将通过一条与这些发达国家不大相同的路径，形成符合自身特点的人口空间格局。

从发展条件看，要实现中国梦，人口、资源与环境无疑成了最大的瓶颈，尤其以能源问题突出。以当前的速度，大约10年左右我国石油资源耗尽，30年左右煤炭和天然气资源也将耗尽，同时环境压力也迫使我们不得不放弃传统的能源利用方式，意味着廉价化石能源时代结束，无论依靠进口还是采用新能源，都将成为人们未来生活中的奢侈品；大数据与智能化离不开能源驱动，本身产生不了能源，只能使越来越多的人下岗失业，或处于一种极不稳定的半失业状态。

将人们从劳作中解放出来没有违背科技进步的初衷，而是需要转变观念：让所有人得到合理的生活保障既是资源优化的结果，也是全民所有制的体现，更是适应未来社会发展的需要。我们目前极力推进的城镇化也是基于资源优化考虑，只是要转化近5亿乡村人口让城市难以消化，因为已经有2.8亿人处在人户分离状态。资源匮乏与环境恶化让大城市进退维谷，小城镇增长乏力，也可能使"被城镇化"人口贫困依旧，为此我们必须、也只能依靠科技进步与制度创新，以间接方式化解城镇化的困局。这对现有城乡格局的影响可能是颠覆性的：大量不依赖物质生产要素的"闲置"人口将迁至低能耗地区以降低生活成本，将来可能分别有2亿~3亿人生活在云贵高原和黄土高原，形成地球上两个最庞大的聚落。这里冬季不需要生火取暖，夏季不需要空调降温，前者因为天然的气候条件，后者则拥有窑洞——一种天然节能模式。两大聚落的出现会使乡村转移人口"兵分两路"实现非农业化——就像细胞有丝分裂，而不是单一极核的城镇化。

对于云贵高原聚落的形成，从技术层面看不会有太多问题，而黄土高原则需要探讨一番。其实条件已具备，而且我们也拖不起：一是南水北调西线工程每年会给这里增加170亿立方米水，至少相当于2亿人口的生活用水；二是当代工程技术完全能够使传统窑洞脱胎换骨，满足未来生活需要；更重要的是经过40年快速发展，我们已经积累了足够"过剩"的产能，如果持续开发建设黄土高原30年——在宝贵的窗口期，每年就需要上千万工作岗位，开始沉睡的产能将被唤醒，同时伴随生态修复过程，这里将恢复犁耕之前林草的繁茂，黄河也不再浑浊。

形成两大聚落需要市场力量，而国家对能源的控制至关重要。

未来云贵高原的竹子建筑是可降解循环的，而黄土聚落新型窑洞又几乎是永久性的。从广义建筑节能看，包括建造、使用维护和拆除的全过程，全部能耗不到其他地区20%，两大聚落将为全社会节省至少

15%的能耗，相当于6.5亿吨标准煤。这里不创造财富却体现价值。攀枝花的康养产业为云贵聚落未来开了个好头，而黄土聚落可能是另一番景象：得益于政府提供的基本保障和超低生活成本，令人怀念的自然经济和邻里关系会复苏，半自耕农方式的田园生活和军旅文化独特魅力使传统文明焕发生机——文明进步不是更迭而应该是叠加，这里是新的栖息地而绝不是收容所。

与此同时，不断涌现的新兴产业与那些不知疲倦的人们仍将继续向京津冀、长三角、珠三角等几大经济热点地区聚集，形成超大城市群，而不会出现我们现在规划的二三十个。这几个城市群，或者说是经济圈，由于两大聚落对人口的有效吸纳可以放手一搏，进一步扩容、优化、宜居、高效，使房价回归理性、人力资源富集，成为世界经济的超级军团与特混舰队。我们由此可以确定未来三十年我国将迎来新一轮发展高峰，规模和速度可能超乎我们想象。四十年前邓小平说允许一部分人先富起来，今后这些城市群将首先跻身发达国家行列，成为经济"热岛"，而两大聚落将成为"冷湖"，是最有效的平衡力量。这是科技与社会进步在国土空间的投影，也让人们面对未来有更多选择。

或许这就是我国特殊历史时期——一个背负沉重的资源与环境压力时期，一个高端技术与局部贫困并存时期，一个社会发展转型、向现代化强国迈进时期形成的特有聚落模式与空间格局。探索这种预期有助于我们确定未来的发展方向与行动准则，对未来充满信心；有了可预期的未来，就能在风云多变的国际环境中处变不惊。

不过即使设想成立，我们对它的认识过程也未必轻松。这倒不是因为这里有什么高深的理论，而是恰恰相反。由于当代科学的门类、专业、领域、方向等越分越细，过于精深，有时又有相互背离的倾向，以至于当我们面临一些最现实的问题时反而有些难以表述。这就好比一个人出现了头疼脑热的症状时，脑外科、传染病专家或病理学家都会有自己的专业解释，在没有得到确切的证据之前谁也不会轻易开出自己的药方。但在一个乡村医生看来事情或许没那么复杂，他嘱咐病人多喝些水，再卧床休息一天可能就好了。有时对一件事情的理解如果既可以简单也可以复杂，也不妨从最容易理解的视角去做一番探讨，所以本书试图从眼前的一些容易解释的麻烦事说起，在技术层面提出解决问题的现实途径，再去描绘它的前景，并且尽可能以讲故事的方式，以形象的图片、比喻替代枯燥的技术细节、乏味的论证与引述，说明为什么、怎么办、有什么用等等，希望有一些"厚重感"与可信度，但更为重要的是对其他相关领域的读者或公众而言能放下所谓"学术"包袱轻松阅读，从而达成一些共识。

该书前两章以当前的社会热点，也就是大家都清楚的事实解释我国城镇化进程如果继续沿用西方理论与发展模式将难以为继；第三章分析技术进步会为我国发展空间与利用方式带来新的选择；第四、第五、第六章讲述两大聚落形成的可能，其中第五章以工程技术创新为突破口，寻求黄土高原开发建设途径，是该书重要的支撑点；第七章主要预测两大聚落对我国人口空间分布产生的影响，由此展望我国未来城乡的全新格局与人们的生活前景；第八章解释本书构想的现实意义，同时又将这一构想"链接"到国家与民族复兴，并特意将这一命题与犹太民族崛起做了一些比较，旨在印证某种历史的必然。

目　录

第一章　城镇化的困局

第二章　绕不开的麻烦

第三章　剑走偏锋

第四章　云贵高原兴起

第五章　寻找神灯

第六章　黄土聚落形成

第七章 大格局

第八章 可预见的未来

城镇化的困局

我国城镇化的问题在于大城市人满为患，小城镇增长乏力。

　　小汽车的普及使原本就拥挤的城市雪上加霜，而基于对大城市病的忧虑——对城市规模的控制，虽然使"病情"有所缓解，但却推高了房价，对年轻的外来者构筑了越来越高的门槛，使城市丧失发展活力；限制大城市、鼓励中小城市的落户政策又与产业聚集和人口流动方向相反，这样一来我们设想和规划的若干城市群可能多数都会落空。

用地指标

乒乓球与足球在中国冰火两重天。人们对足球冲不出亚洲和乒乓球奖杯出不了国门已见怪不怪，足球迷的愤怒、失望与不离不弃也曾到了无以复加的地步，于是教练、黑哨、足协、体制，甚至国家体育总局一度成了众矢之的，不过这些责任全都让他们来背着实有些冤枉。

我们不妨比较一下两只球的大小：乒乓球直径 40 毫米，可以攥在手里或装在上衣口袋，足球直径 220 毫米，和乒乓球拍差不多，需要挎在身上。球的大小不同，需要的场地也就不同：一个标准的乒乓球桌 1.5 米×2.7 米，有 4~5 米宽、7~8 米长的场地，即 30~40 平方米，甚至再小一点，两人就能玩，平均每人需要 20 多平方米；足球场一般宽 60~70 米、长 90~120 米，国际标准赛场通常在 7 000 多平方米，供 22 人在场上比赛，如果是非标准练习场，八九个或十来个小朋友踢球——足球要从娃娃抓起，人均 200 平方米，也需要 2 000 平方米。无论城市还是乡村几乎都很难找到这样的空闲场地，而在荷兰一个几万人的小城就有八九个标准球场，更不用说随处可见的草地了。好在作为体育大国的国民心态已经显得比较平和，因为我们不缺金牌，2008 年北京奥运会更是到了巅峰，现在即使女排拿不到冠军人们也还是会给予热情的鼓励，毕竟她们曾留给国人许多激动人心的回忆，而对于国足，最多只是开些善意的玩笑罢了。

我们都清楚一项运动要取得好成绩需要广泛的群众基础。20 世纪六七十年代出生的人几乎都可以在乒乓球桌上挥两下，在学校、机关、工厂、家属院，除了室内球桌，还有操场上成排的"土造"水泥球台，或者随便用几张桌子拼凑一个球桌，几块砖、几本书当球网，几乎每个小学生书包里都会装一个球拍，许多球拍是用三合板自制的，总能因陋就简创造条件。如今城市大街小巷都被小汽车塞得满满当当，再也见不到外面有孩子踢毽子、跳皮筋、打沙包，更谈不上踢足球了，而且健康专家还时不时提醒人们空气质量不好，要尽量待在家里。这就不能责怪教练或足协，应该先问问城市规划部门。

我国城市建设用地指标大约每人100平方米，最新颁布的《城市用地分类与规划建设用地标准》（GB 50137—2011）与20多年前的标准（GB 50137—90）几乎没什么变化。其中为职业比赛或练习用的球场，也就是政府建造的体育场馆，就在公共管理与公共服务设施用地（A类，占城市用地的5.0%～8.0%）里，球迷在里面只能摇旗呐喊或伸着脖子当观众；在居住用地中，开发商按国家规定设有30%绿地，这些绿地是严禁踩踏的。按照2016年6月28日住房城乡建设部批准《城市居住区规划设计规范》，居住区文体用地的千人指标400～500平方米，即每人约0.5平方米，与修订之前的规范（2002版）也没有多大区别。如果城市人口中有1%的足球爱好者，要满足他们的需求，整个城市的人均用地指标要增加2平方米，这可不是小事。

如今城市规划新概念层出不穷，令人目不暇接，其中既有创新，也不乏标新立异、冷饭热炒与所谓新理念鼓吹者的沽名钓誉，以获取更多的市场话语权。在提出卫生城市、海绵城市、生态城市、宜居城市、森林城市、园林城市、智慧城市、创新城市、数字城市、田园城市、旅游城市等等倡议后，最近城市"双修"概念又变得热络起来，即城市的生态修复与功能修补。其实这也算不上什么新理念，城市规划的每一轮修编，都是在检讨上一轮规划的缺陷并根据实施状况与未来发展的需求适时做出调整，当然包括城市生态与城市功能，但现在出现这一提法，背后似乎有一句潜台词：那就是像一幅画，画家告诉我们作品已大功告成，各项功能已基本齐备，布局结构准确无误，色彩饱满，只需做一些微调并把原先遗漏的小地方补上即可。如果真是这样，那城镇化进程就无须多费心思，只要按部就班往前推进就可以了。

但至少能让孩子们出来活动吧？哪怕像80年代街头摆放的台球桌，大人们也该出来活动活动，拿不拿冠军是小事，全民健康才重要。在不到10年时间里汽车像肥皂泡一样冒了出来，挤占了城市所有空闲场地，使原本就不富裕的空间更加让人窒息，规划指标却一直不动声色。这些小汽车标志着我国从温饱进入了小康，却又把居民牢牢地堵在家里。要在21世纪中叶达到中等发达国家水平，用地指标显然不够，应该调整，让居民有一个相对宽敞的户外场地。这些场地不一定要刻意打造文化特色，或是时髦的滨河景观带，而是出门就能玩耍、能聊天的空地，要做到这一点，城市人均用地指标至少要增加50平方米。这可不是个小数目。目前，我国城镇居民数量在7亿人左右，意味着需要增加5 000多万亩①土地——大部分要占用耕地，同时我们又要守住18亿亩的红线，事情就不好办了，规划部门也是巧妇难为无米之炊。这不是简单的功能修补，但不管怎么说我们既然要推进城镇化，就应该让城市生活更美好，更具吸引力，最起码让现有居民生活条件与环境得到改善，那就需要比现在更大的空间，与乡村建设用地进行增减挂钩，置换一些土地解决问题应该不会太难。毕竟未来现代化强国的国民不能以削足适履、节衣缩食的方式来享受生活，更不能靠画地为牢获得自由。

---

① 1亩≈667平方米，全书同。

蚁族现象

不过就目前情况看，即便居民有了这些场地，也未必有时间出来玩：孩子们作业负担太重，谁也不敢输在起跑线上，而大城市年轻的上班族将大把的时间都花在了路上。在北京通州区寒冷而平凡的早晨，天还没亮公交车站就排起长队，在昏暗的路灯下会发现队伍中有很多老人，这些老人为了能让上班的孩子多睡一两个小时，来替他们排队，因为路上还需要一两个小时。"孩子上班实在太辛苦"，老人们就在瑟瑟的寒风中分担着这份辛苦。当北京将城市扩展到五环、六环时，能幸运地买到房子的上班族，天不亮就要起床，等下班回到家里，家人已经熟睡，常常是"神龙见首不见尾"，一些人索性在单位附近与别人合租一个住处，除了周末，中间再回一趟家，俨然成了住在本市的"外地人"。理论上合理的上班出行的时间不应超过 40 分钟，现实是北京年轻人上下班不超过 2 小时算不错，三四个小时不足为怪，但比起蚁族还算幸运。

这里说的"蚁族"是指在北京、上海等一线城市边缘的城乡接合部居住生活的低收入年轻族群，也被称为继农民、农民工和下岗职工之后的第四大弱势群体：虽不是一流的名牌大学毕业，但也接受了良好的教育，算是高智商，从事一些保险推销，电子器材、广告营销，或餐饮服务等临时性工作，收入很低，常常处在半失业甚至失业状态，为了生存，只能在城中村找便宜住处，或是城市居民区住宅楼的地下室，而且是多人合租。这些地下室或郊区农民自建房肯定不会按标准配备厨房和卫生间，每月租金 400~500 元，房客平均每人 10 平方米，也就没有客厅与卧室之分，更谈不上"南向满窗日照1小时"采光标准，个中生活的艰辛，不置身其中怕是难以体会。

蚁族受社会关注与一本同名书有关。作者廉思是一名家在北京的年轻博士后，无意间读到一篇大学毕业生艰难工作与生活的自述，令其感到震惊。出于对同为80后命运的关注，他开始组织课题组，后来甚至自筹资金对中关村附近一个叫唐家岭的城中村——著名蚁族聚居地进行了两年的调研，编制完成二十余万字的研究报告，详实披露了这一特殊群体真实又令人堪忧的生活，引起中央领导的高度重视，之后中央电视台和网络媒体也对此进行了大量报道。当时唐家岭原本只有3 000多人的村庄变成了近5万人的城中村，为了改善这里的生活居住条件，政府进行了大规模拆迁改造。然而正如当时央视新闻1+1栏目中白岩松所述，这样的拆迁改造使这里的房屋租金陡然增高，蚁族无力租住，只好寻觅更远的城中村，新的"唐家岭"像癌细胞一样扩散，向外围蔓延，蚁族上班距离更远。距唐家岭不远的北四村，原村民6 000人，现人口9万人。

蚁族还会长期存在，责任也不在他们的雇主。在北京北土城西路与鼓楼外大街——中轴线交叉口处的一幢高层写字楼里有一家规模不大也不小的景观设计公司，类似这样名不见经传的设计或技术服务公司在北京有很多。负责人也曾是一名优秀的设计师，除了想发财，也想有一番作为，将个人理想与国家命运联系在一起。由于主流市场大多来自政府，公司受资质等级、品牌影响力与"业绩"等客观条件限制，没有先天优势登堂入室与大牌的国字号设计院同场竞技，高端房地产楼盘也喜欢请国外知名品牌做景观设计以获取广告效益，再加上自身经营管理等原因，公司只能在非主流市场"拾遗补缺"。

没有好市场就没有好收入，自然就发不出高薪水，员工大多来自像河北、安徽、山西等普通高校的本专业或相关专业毕业生，实力偏弱又进一步降低了市场竞争力，进入低档次的循环，公司一直处在勉强的维持状态。幸运的是老板大概在十几年前一个偶然的原因，迫于无奈举债按揭了这套500多平方米的、可以注册公司的住宅楼，当时这里的房价每平方米近1万元，算是冒了极大的风险。不到三年时间房屋价格几乎翻了一番，终于使他长舒一口气，如今价格每平方米已经涨到十几万元，终于可以高枕无忧了，没想到多年辛苦打拼却以一种意想不到的方式圆了他的发财梦，也算天道酬勤。不过伴随资产增值，公司经营状况似乎一如既往，普通员工月工资仍然只有三五千元，房屋租金不断上涨，公司增值的资产体现不到员工收入上，而生活成本却不断增加，员工沦为蚁族。而这样众多的"不入流"的民营小公司算不算"蚁公司"？假如这位老板当初没有迫不得已举债买下这套房子，恐怕连蚁族最基本的收入都维持不了，蚁族本身也就不存在，连老板自己也可能住进唐家岭。至少他给了年轻人一个短暂的机会。

既然蚁族在大城市从事的是拾遗补缺的职业，那他们的居住生活也只能由被边缘化的城中村农民来"拾遗补缺"了。廉思的研究报告及其后来的报道重点关注的就是这些大学生群体，即"青知蚁族"，是被社会长期忽略的群体。关于其现象、背后的原因以及任其发展的后果，无论报告或学界几乎都取得了一致看法。相关报道估计这一群体在全国有上百万，在北京有十几万甚至几十万，并且数量还在扩大。如果我们将低收入、高智商与群居作为蚁族的特征，那么其范围和数量怕远不止这些，或者说他们与其他族群并没有明显的界限，只是众多居无定所人群中靠近末端的一个小片段而已。

就在距这家公司大约1千米的地方，在德外大街，距德胜门不远处耸立着一座现代玻璃幕大厦，像一只骄傲的公鸡，"鸡冠"由醒目的大红字标识了它的身份，"中国某某科技集团"，一家隶属国资委的大型央企，同样也做景观设计，当然还有其他诸如建筑、规划、市政、环卫等专业，业务范围几乎涵盖了城市建设领域所有专业，应该算是勘察设计行业的巨无霸。旋转门内外都有穿制服的保安，对外来访客进行严格登记，宽敞高大的门厅两侧用"阴刻"手法装饰着一人多高的字体和logo，尽显国家级设计院气派，明窗净几的环境中员工挂着胸牌，大小会议室里、屏幕前，长者睿智点播，青年才俊旗帜鲜明，才女们更是伶牙俐齿、咄咄逼人，令来访的业主们诚惶诚恐。这里更成了无数蚁族魂牵梦萦的地方。能在这里工作的技术人员、设计师自然都是成绩优秀的"名牌"大学毕业生，比如在园林专业院，近一半是北京林业大学园林系硕士毕业生，那几乎是中国园林界的摇篮与"黄埔军校"，其他多是人大、清华美院环境艺术专业，即使个别有背景托关系来这里工作，只是在此多了个机会，最终还是依靠个人能力坚守下来。然而看似光鲜的表面也潜伏着明显的不稳定因素。

有人开玩笑说当下中国阴盛阳衰，在这幢大楼里，尤其以园林专业表现得十分明显：年轻女性占了多数。女孩子天生喜欢花花草草，选择这行也在情理之中，但她们大都迟迟没有结婚成家，才女大都变成"剩女"。并非她们眼光太高不可攀，而是很难找到一个如意"房"君。硕士学历，工程师，年收入一般至少在 10 万元以上，比蚁族高一个档次，照说也算中等收入，但如果找一个与她收入相当的男友，两人一起再怎么努力也很难筑起自己的巢。以北京目前的房价，凭一己之力年薪50 万元以上才有可能考虑买房，于是出现了才华横溢又美丽动人的单身女性像南极的企鹅一样成群待嫁。她们也是三五成群地合租在单位附近的居民楼里，这些居民楼，一套普通的 60 平方米左右的两居室，月租金 6 000 多元，姑娘们总是精打细算，常三四个人合租一套。即使这样，租房支出也至少占了月收入的 1/4 以上，生活并不轻松，与唐家岭"蚁族"只是五十步与百步的关系，我们可称其为"中等蚁族"。而且相较于前者，她们付出了更多的努力，面对未来也是一片茫然。

如果说她们只是单位普通员工，高一级的管理层或高级技术人员状况好像也不太乐观。李硕是这个单位一个工作室的负责人，同济大学博士毕业，国家一级注册结构工程师，年收入约 30 万元，应该算是青年才俊、高收入阶层。不幸的是老婆孩子都在外地，收入增长没有追上房价上涨，两地分居，周末探家，比那些单身女性稍好一些，租住一套小两居室，但 6 000 多元租金不是个小数目，所以就和与自己境况相同的师弟合租，还有另一位志趣相投的师弟，工作单位距这里相对较近，家虽在北京，却在城市的另一端，上下班往返如前所述"神龙见首不见尾"，每周有三天会凑热闹挤在这里，他们成了"蚁贵族"。近几年首都房价几乎每年都在上涨，房租也是不甘寂寞。当房东头一次提出上调房租时还显得有些不好意思，博士以他特有的斯文与无辜责备了对方，使这位朴素节俭而善良的退休老工人羞愧难当，赶忙收回自己的要求并出卖了自己的老伴，声称那是她的主意。但一年后租约到期再次见面，博士看到老工人两眼已经充满绿色的光，明白现在无论动之以情还是晓之以理都无济于事，因为前一年这套房子市值已经上升约 400 万元，现在到了七八百万元，对于每月退休金只有三四千元的人来说这笔连上辈子做梦都未曾想过的巨额资产像一只魔戒，足以让普通人的大脑神经产生某种裂变。

博士像小山羊一样有自己的信念，最近申请离职离开北京，与他境况相同的师弟——室友也已心猿意马。李硕在北京待了 7 年，也可称得上"七年之痒"，比唐家岭的蚁族所能忍受的时间稍长一些，可能是一种极限。在一个项目组或技术团队中，像这样的技术带头人会有一名高级副手，三四名中级人员和六七名初级人员构成一个梯队，他的离开意味着核心的缺失与团队解体，而目前这家国字号、最具实力设计单位之一每月都有几名员工离职。人力资源部门也好像已经习以为常，只是程序性地做出尽力挽留的姿态或问一问原因，像处理其他日常工作一样按部就班为离职员工办理手续，当然每年也会有新入职的员工，但技术的积累与沉淀开始溶解。其实企业此时也很无奈，为了保持竞争力也在不断优化调整分配、管理制度，员工收入也不算低，但企业控制不了城市房价。如果年轻的才女感到前途渺茫，像李硕这样的高端人才都留不住，问题就严重了。

无论唐家岭还是"高大尚"的国字号年轻人，为接受高等教育付出了高昂成本，几乎花光了父母一生的积蓄，许多人最后不得不逃离北上广。他们是城市发展最具活力和竞争力的族群，就像植物顶端的分生组织，缺少了这些新鲜血液，城市就缺少了原生动力。

控制的副作用

高房价造就了形形色色的蚁族。当一宗土地按城市规划被赋予居住功能与开发强度，政府本着公正、公平、公开、透明原则以招、拍、挂的方式投放市场，开发商竞相出价，一线城市较好地段房屋每平方米土地成本就到了四五万元，再加各种税收与开发成本，新楼盘售价六七万元也就太正常了。目前北京德外大街两侧二手房价格大约在每平方米12万~14万元，市场以这样的方式告诉外来者：这里已经住满了。

经济学的基本原理告诉我们，当某种商品供不应求时，价格就会上涨，而且住房又是刚性需求，显然大城市不缺钢筋水泥，而是缺土地，而且严重短缺。房价被推高固然与炒作有关，但炒作的背后反映出土地资源稀缺，而导致这一结果的直接原因则是规划控制。有人炒玉石、炒黄花梨、甚至炒大蒜，被炒作的东西五花八门，网上流转"算（蒜）你狠、将（姜）你军、逗（豆）你玩、凭（苹）什么、淹（盐）死你"笑话，但有人听说炒黄土、炒空气、炒阳光吗？1平方米建筑的工程造价平均不过两三千元，无非是一堆砖头瓦块，经济学的基本概念又告诉我们，商品是用于交换的人的劳动产品，但土地是人的劳动产品吗？当价格超出一定限度，被买卖、炒作的已不是房屋本身，是承载它的土地，而土地不是产品，也就不能算是商品，不应拿来做交易。不过既然是市场经济，用经济手段来制约城市无休止地扩张是最有效的，也是一种体现公平的做法，因此土地变成商品，限量供应。

我们常在一些海难片中看到这样的情景：一艘大船沉没，落水的人们纷纷游向救生艇，救生艇数量不足时艇上的人出于本能，一改平时悲天悯人的态度，生死关头变得面目狰狞，他们会抄起桨，将垂死挣扎的求救者毫不犹豫地推开。大城市管理者甚至普通居民也会具有一种同样潜在的本能，就如同以前歧视外地人，自己上了船就不希望别人再挤上来，免得拖累自己，甚至想要再躺的舒服一点，于是房价越高对他们越有利。现在情况算是好多了，城市原住民已成为少数，在广州可以随时随地听到东北话、河南话，还有甘肃口音和国外的黑人，但城市规划与管理者却是非常理性地在为城市安全考虑，那就是不得不考虑的大城市病，也就是交通拥堵、环境污染、失业、犯罪等，需要控制外来人口。

城市是一个庞大的有机体，免不了生病，既然会生病就要预防，生了病就要治疗，任其发展就会死，那城市规模就当然就要实行严格的控制。然而控制有可能造成发展的停滞与经济萎缩，这就需要权衡一下，不过发展还是硬道理，至于控制，就要看控制到什么程度。其实城市的"病"与"大"之间好像没什么必然联系，至少它们之间本不存在简单的因果关系。全国最大的城市不是交通最拥堵的城市，论拥堵，兰州在2016年首当其冲，而兰州主城区人口也不过200多万，只相当于上海、北京人口的1/10。全世界最大的城市不在中国，而是日本，东京有3 600多万人，其交通与环境状况比北京、上海都好得多。最新一轮规划为北京市的人口划了一条2 300万规模的底线，这条线的划定也是经过慎重考虑，而且有充分依据，但导致的结果反映在房价上就成了明白无误的风向标，这种副作用对国民经济的影响可能是深远的。

一个民营企业主曾不无感慨地表示，老婆近几年买了几套房子，价格翻了几倍，轻轻松松赚了几千万元，相比之下他自己的工厂这些年举步维艰，只能勉强维持，效益远不及他老婆；2014年有一个兰州业主在北京通州租下一个200平方米商铺，开了一家牛肉面馆，每天营业收入七八千元。按说算是一门不错的生意，一碗牛肉面一般售价都在十五六元以上，原料成本充其量也不过几块钱，以20%的纯利润保守地估算就该有两三千元进账，但开张不到一年就转让了出去。除了经营管理等原因，每年房屋租金需要 70 多万元，差不多每天 2 000 元，占了营业收入的 1/3。另外，饭馆员工都是从甘肃老家雇来的，在附近租一个住处每年也需要十万八万元，老板后来算了一笔账，如果继续经营下去，大家无疑都是在为房东打工。许多经营店铺的商户恐怕都有这种体会，他们平生最大的愿望是要拥有属于自己的店铺，一旦有了店铺他又会发现与其自己经营不如租出去，既省心又划算。李博士如果打算继续待在北京，收入的 1/3 以上也要交给他的房东。房价上涨并不代表社会财富增加，但人们的辛苦劳作却被不断上涨的房价给吞噬着，这样的社会财富分配不知是什么道理，资本的价值真有那么高吗？也许经济学家能给我们一个合理的解释。

由于电商的出现，许多消费不再依赖商铺，如今我们在大街上看到的基本上是饭馆、药店和理发馆，这些都是普通百姓日常生活最离不开的需求。如果我们阻止了城市扩张，刚性需求空间就变成了稀缺资源，不仅增加了人们的生活成本，也让人不再有兴趣从事实体经济，大家都想"躺着"赚钱，不再指望勤劳致富。

城市的规模与容量

　　既然国家对城市人均建设用地指标做了明确的规定，那么确定城市规模，即确定人口规模，是城市规划工作首要解决的问题之一。这是一项科学、严谨的工作，来不得半点马虎，更不能拍脑袋，否则差之毫厘谬以千里，将对城市未来的建设发展造成难以挽回的损失。通常我们大致分为这么几个方法或程序：

　　一是将城市近些年来的人口统计数据做一个分析，看看人口变化情况，包括每年出生与死亡的人数，即自然增长状况，和外来人口与离开的人数，即机械增长。根据这些年总体变化的情况，计算出往年人口的平均增长率，以此推算出未来5~20年人口数量，此谓"增长率法"。

　　二是根据城市所管辖的区域，比如一个城市有市管县，县政府也设在城里，除了城市就是周边的农村，其人口每年都会有一部分农村剩余劳动力由农村转入城市，也就是按城镇化进程，或城市化目标来推算出城市人口规模，此谓"转化法"。

　　三是根据城市在所属行政区域的地位，即一个省或地区总有一个中心城市、一两个副中心城市，有重点与一般镇，我们所要规划的城市是其中的老大还是老三。通常地位越高，人口也越多，在区域内乡村人口按照一定比例向这些城镇流动，规划师根据经验左顾右盼会做出明智的判断，比方说某城市是区域内的副中心城市，规模只有中心城市的一半，在可预见的未来能够占据多大比例，并以此判断出可能的规模，此谓"区域空间分配法"。

　　四是建立某种数学模型，将各种能够影响人口变化的基础数据、影响因素带入模型，比如历年 GDP 增长等，并附加各种复杂的系数，以此精确计算出未来某一年份人口的确切数量，其精准度可以达到至少0.5 个"人"。毫无疑问这代表最先进、最科学的计算方法，能够熟练应用这种方法的人较其他普通规划师技高一筹，令人肃然起敬。

对同一座城市用这些方法推算出的结果相互间总有些出入，甚至偏差还比较大，但都各有各的道理。为了取得相对一致的结果，我们采取了一种更为"科学"的方式：将上述几种结果就像掷骰子一样装进杯子里摇啊摇，当认定它们经过充分碰撞、融合，不失时机地迅速扣在桌子上，然后小心翼翼挪开杯子，展现我们面前的"点数"正是我们所期待的结果，我们称其"综合法"。

就像许多大城市一样，乌鲁木齐市曾编制过 2002—2020 年总体规划，经过大量调研论证、分析计算，确定规划期末人口规模约 240 万人，规划工作历时近 3 年，截至 2004 年国务院批准实施时，人口已达到 240 万人。当时中国科学院有一个关于乌鲁木齐市生态建设的项目小组向规划人员请教相关问题时，那位资深的项目负责人什么也没回答，只是摇着满脑袋稀疏的白发不停地喊叫"全变了、全变了!"。让人搞不明白是这些数据逼疯了老头，还是老头捏造了这些发了疯的数据，反正规划又面临修编。截至 2016 年年末，乌鲁木齐常住人口 352 万人（百度百科）。像这样的首府，特大城市，对人口规模的确定，有专项研究报告，计算本身不会有问题，作为职业规划师大家心里都明白无论什么样的计算方式，数据来源都是基于"过去"，在社会剧烈的转型时期，以往的经验很难再发挥作用，况且我们每次采用的数据都是前一次规划控制的结果，规划者也参照了我国其他城市或国外经验——好像我们也只能做到这么多了。其实规划的实际作用只是为城市建设与管理提供法律依据，防止人们私搭乱建，要真是用来预判未来，要么形同虚设，要么使房价畸形上扬。

城市如果不加以限制，像北京、上海这样的超级大城市会无休止地扩张下去吗？当然不会。既然我们将城市比作容器，就会有容量，这个容量应该包括经济容量与环境容量。所谓经济容量，我们可以先简单地理解为市场，或再缩小为房地产市场，如果一个人月收入1万元，这在一线大城市算中等收入，合理的房屋 消费每平方米在1万元左右，与他的月收入相当，在目前平均每平方米七八万元与合理的1万元之间，市场永远存在，连续大量的土地供应就不能停止。当炒房者清楚未来价格走势不会再有太多预期，价格就会回归理性，市场才会有饱和的趋势，但在规划控制的绳索解开之前我们看不清方向。

环境容量取决于水资源量、各种废弃物的消纳与转化能力等，在诸多的限制要素中，像乌鲁木齐这样的干旱地区城市，水资源成为一项关键因素，即限制因子。也就在2004年，当时乌鲁木齐市水政水资源管理处一名技术负责人说，该市水资源利用已接近其资源量的70%，按某种国际惯例已经达到极限。时至今日早已突破极限，而解决方案并不复杂，只是将城市周边农业灌溉用水调配给了城市，同时将更远开垦的荒地实施退耕还林、还草，封闭了许多水井，进行更大范围的资源重新配置而已。

北京市最新一轮总体规划在规划期末将缩减城市规模，为规划领域开了一个先河。因为在此之前我们还没有见到一个市、建制镇甚至一般镇规划确定人口规模减少。多年以来我们用的是增长率法而不是减少率法，采用的是近10年或20年的人口统计数据，这些数据当然不是编造的，但分析的结果真的可信吗？目前，我国人口出生率已经跌至低谷，人口增长已接近极限，不断涌现出大量空心村，人们由乡村到小城镇再向大城市不断"升级"转移，这些小城镇或三四线城市还会不停地"长"吗？如果你问一名规划师这样的问题，他可能会觉得莫名其妙，因为相关法规或编制办法就是这么规定的，而且大家一直都这么做。难道"一直"就是对的吗？

在这样剧烈的发展转型时期，在某一个局部要准确计算出一个城市未来发展规模的想法本身是不切实际的，尤其是要面对未来可能出现的人口"断崖式下跌"。对于发展态势我们既要向远处看，也要手握方向盘不停地修正方向。向远看有一些要素是相对稳定的，那就是国土面积与全国总人口，至于14亿人口如何在960万平方千米空间范围内流动、聚集却值得思考。要在21世纪中叶成为中等发达国家，如果参照发达国家城市化率，至少有11亿人生活在大大小小的城镇，一线城市仍然是年轻人的首选。我们一厢情愿地限制大城市，鼓励发展中小城镇，但迁徙者的脚步似乎并未完全沿着规划的路线行进，而是朝他们自己认定的方向。大城市人口依然在聚集，却像被包裹的粽子一样艰难成长，而中小城镇却在沉睡。

关于新型城镇化

城镇化，简单地说就是乡村人口转移到城镇，从事非农业生产，是一个地区或国家的经济结构由传统农牧渔业向制造业与服务业转变的一个过程。在这一过程中由于农业机械的使用，庄稼地里的活儿不再需要人了，出现了大量农村剩余劳动力，牛也被牵走了，卖到城里变成"肥牛"，同时城里建了许多制造皮鞋、帽子、箱包、挖掘机、剃须刀、手电筒、手机、充电器、洗发水的工厂，又需要大量劳动力，增加了许多餐厅、邮局、大酒店、火葬场、游乐场和批发市场，需要搬运工、服务员、保安、快递、清洁工、保姆等，还有成片的建筑工地，盖房子也需要人手。农民就这样被连推带拉，进了城，临时安置在简易的工棚、员工宿舍，或自发聚集在城乡结合部的城中村里，城市管理者认真负责地为他们办理了暂住证。他们"暂住"了30多年。

几年前中央电视台有一则新闻专题报道，在深圳一些烂尾楼里蜷缩着许多上了年纪的农民工，用硬纸板、编织袋等捡来的东西搭建一个简易的栖身之所。他们20多年前来这里打工，许多人做了近一辈子建筑工人却没能拥有属于自己的一间房子，如今年事已高干不动了，离家多年也回不去，这里早已成了他们的家，只能靠拾荒度日。不过大多数农民工还是明智的，为了不至于落入这样的境地，他们谨慎地保留着农村老家的农田与宅基地，将外出打工挣来的钱不断扩建、改建属于自己的房子，以便干不动时可以回家过得舒服一些，对他们来说那是最可靠的归宿。也有人高瞻远瞩，相信知识改变命运，为了供孩子上学放弃盖房子而"投资"教育，但结果往往不尽如人意。

城市化率能够从一个侧面反映出一个国家或地区的现代化程度。发达国家大多在 80% 以上，英国和以色列更是高达 90%，而发展中国家的城市人口比例平均为 30%，其中不少国家低于 20%。世界城市化率平均在 50% 左右，中国刚刚跨过这一门槛，相关数据显示 2015 年城市化率为 56%。理论上讲，中国正处在城市化进程的快速演进期，但事情好像并不顺利：有 2.8 亿人口属人户分离，他们享受不到城市低保、医疗、子女教育以及保障性住房等城市居民应有的待遇和福利，购房者不到 1%，没有真正融入城市变为市民，因此有学者认为实际意义的城市化率只有 36%。这两亿多农民工"悬浮"在城乡之间，就像杯子里的骰子被甩来甩去落不了地，始终处在一种背井离乡的状态，春节返乡大潮甚至引来一些外国媒体架起长焦镜头，像观看非洲角马一样记录着人类大迁徙的奇特场面，这种令人感到有些辛酸的奇异场景有时会让人联想起地震前的一些征兆，令人不安。

农民工在城市无法落地生根原因很多，大城市找工作相对容易但房价太高买不起，小城镇房子便宜却找不到工作。如果在小城镇买房再到大城市工作，与不买房没区别，反而多此一举。学者呼吁改革农村产权交易与户籍制度，明确农民自有宅基地所有权与自有处置权，让农民"带资进城"，实现社会公平，推进新型城镇化。农村确权与交易试点工作已经开始推进，户籍制度改革不会久拖不决，这些原本就是属于农民被赋予的权利，只不过当他拥有土地出让权时，是否愿意出让，能否卖个好价钱，换得城里的住房与工作，尤其是工作，就不好说了。

如今允许农民从土地被征收、拍卖的收入中分享 30% 的份额，如果城市的有序扩容持续下去或土地市场疲软，这一比例很有可能倒过来，即农民可能得到 70% 甚至更高，这应该是大势所趋。因为土地财政已日渐势微，就像 20 世纪 90 年代手机初现市场，一部手机可以卖到两三万元，由于电信部门的垄断，从其他途径买到手机人不了网，后来才有自备手机入网，但要交入网费，等"大款"市场饱和，才开始面向普通消费群体降价，就是说目前时机未到。如果有一天允许农民可以自由出让自己的宅基地甚至转让农田时，也就是市场完全放开，恐怕就不一定是现在的价钱了。既然是自由交易，除了可以漫天要价还可以坐地还价，政府在统一征收土地时制定补偿标准是审慎的，会兼顾各方利益，对于被征收者来说至少是稳妥、有保障的，但开发商、中间商与个体农民之间的博弈就成了"丛林法则"在主导，如果前者唯利是图，后者各自为政，手中又没有多少谈判筹码，处于明显的弱势，可能最终丧失长远的利益甚至流离失所，加重社会负担。因为农民工能够随意在城市落户的时候可能就是连城里人都感到无所谓而随时愿意离开的时候，总之对于大多数人来说天上不可能掉馅饼。

这些年政府征购农民土地拍卖进行城市开发虽然受到一些争议，但在城中村与棚户区改造中，或城市郊区的农民在城市扩张的征迁中总体是获益的，许多人更是一夜暴富，令远郊的兄弟羡慕不已，他们也巴望有一天这种征迁也能降临到自己头上，而且发誓决不当钉子户。至于在执行过程中个别开发商与村干部勾结暗箱操作，后者利用职务之便出卖集体利益中饱私囊，或出现个别钉子户，那也不是土地政策问题而是体制机制中的漏洞问题，甚至是一些个人的刑事犯罪问题。

关键在于能够"就地转业"的农民只是幸运的少数，即便没有补偿，那些城中村或近郊农民已经靠区位优势和自建房顺利融入城市，由"地主"变为房主。中小城镇没有设置什么落户门槛，而且开发商与政府积极配合，用商品房"搭售"户口更是为迁居者提供了方便——落户总要有个固定住处。现在连租赁住所都可以纳入其中，远郊农民要在中小城镇落户虽然不难，只是农民们已经是见多识广，也总是有些瞻前顾后，他们发现户口迁出不难，但再想回迁就不可能了：村集体的花名册上少一个人就会多出一份资产，这些资产又会分配给其他村民，村子里的社会关系、恩恩怨怨比起城里并不简单，虽然是乡里相亲，但谁也不愿意将分到手的财产退回去。那些离开村子的人是自己跳下船的，而且中国人落叶归根思想根深蒂固，当人们发现没有回头路时，能义无反顾向前走的人寥寥可数，毕竟他们不是赌徒，除非看到前途有一片实实在在的亮光。

2012 年年底的中央经济工作会议明确提出要推进以人为本的新型城镇化，这是针对以往粗放的城镇化与产生的问题提出的新要求。这些问题包括诸如土地的粗放利用、土地与空间的城镇化明显快于人的城镇化，城市房地产化、形式主义的伪城市化，以及失业、环境污染、城市病等等，对城市社会经济与环境的可持续发展形成越来越大的阻力。而这些问题又是原有的粗放式经济增长方式的反映，转变经济发展模式也就意味着对原有城镇化发展方式的转变，优化产业结构也就伴随着优化城市空间结构，去库存也就包括盘活城市土地存量，尽快消化那些鬼楼、鬼城，否则城镇化难以为继。《国家新型城镇化规划（2014—2020年）》（以下简称《新规划》）就是在这样的背景下做出的，谨慎务实，是对过去工作的调整、纠偏，提出指导性意见与原则，但与以往规划理论所坚持的原则与理念没有本质区别。

过去我们也一直倡导城乡统筹、协调发展、生态优先、合理集约、节约使用土地以及社会公平等，但这些纸上的原则往往落不到实处，或打了折扣，问题越积越多，直到过了"潜伏期"并发症逐渐显现。《新规划》只是针对许多地区在城镇化建设过程中偏离了发展的初衷，这种偏离或者是因为在快速发展的阶段我们的工作做的过于仓促而无法面面俱到，也或许由于我们来不及制定更多的细则，总是让不打算去理解国家法规政策意图与目标的人按照最有利于自己的理解去做出决定，或者更因为要完成政绩与考核指标。总之阶段性任务就像是给墙面抹灰：第一遍总是很粗糙，但最起码是要打一个底子，第二遍主要是找平，第三遍才算基本完工，有的还需要抹第四遍、第五遍才能平整又结实。《新规划》的任务像在抹第二遍灰，无论第几遍，还是没有脱离抹灰的范畴，但作用肯定是积极的，任务也是必需的，正如其第一章所述，城镇化的意义在于加快产业转型升级、扩大内需，有效解决"三农"问题，使国民经济与社会、环境保持健康与可持续发展。就拿基础设施来说，将分散在广大农村的农民集中到城镇来住，至少可以集中解决燃气、供水、排污和污水与垃圾处理等问题，成本要比在每个村庄分散建设低得多，整体环境就会得到提升，农村居民点的撤并也有利于土地资源的集约优化，加速农业现代化，而且农民医疗卫生、子女上学条件都会得到改善。但农业转移人口的市民化能在多大程度上增加就业，提高农民收入，改善他们的生活状况从而扩大内需，让人心里没底。

西部地区不仅在城市，几乎所有的县城都规划建设了大大小小、时髦的开发区、工业园区，产业园区，甚至高新区、孵化区，还有创业平台等，在去产能的大背景下，许多"区"一片萧条、门可罗雀，甚至劳动密集型产业还有多少发展空间不得而知。

大数据与智能化将减少传统制造业岗位，以马云为代表的商界领袖们却对未来充满信心，他们像导游一样兴奋，戴一顶小红帽，手里拿着一面小旗，指着前方告诉我们现代服务业会提供更多的就业机会，叫我们跟他走。而王健林就显得比较沉稳，他劝诫创业者要务实，并告诉年轻人说，不妨先确定一个可以实现的小目标，先挣 1 亿元，然后再考虑计划挣 10 亿元、100 亿元。他们说的没错，但还是要看他们站在什么位置，讲给谁听的。印度是个多神的国家，相信这些神话，但神话太多就难免隐藏一些鬼话。像在阅兵式上搞杂耍一样另类，印度在发展路径选择上绕开制造业直奔电子工业与服务业。有数据显示 2001—2011 年十年间，印度 GDP 增速仅次于中国，城镇化率由 27.98% 增至 31.3%，净增 3.3%；而中国则由 37.66% 增至 51.27%，净增 13.6%。中国净增长的数字里大部分产业离不开传统制造业，依靠服务业增加就业机会在这样一个时期不像理论上说的那么轻巧，比如有一个小城市的商业步行街，是常见的那种两侧两层的店铺，在 2005 年建成，虽不在城市繁华地段但也不算太偏僻，当时价格不贵，一楼做店面，二楼住人，很适合小商户经营，当年全部卖光，但市场没有像业主们所预期的那样，如今只有零星的三四家还在惨淡经营。像这样的步行"鬼街"在西部地区小县城或小城市随处可见，个体经营户大部分已被电商所取代，以现代服务业取代传统服务业——还是服务业，究竟能创造多少就业机会，看看大城市蚁族就略见一斑。

大城市尚且如此，小城镇也就无可奈何。蚁族之所以滞留在大城市迟迟不肯离去，是因为在他家乡的小城镇更没有机会，于是许多年轻人逃离"北上广"不久又返了回来。《中华人民共和国 2016 年国民经济和社会发展统计公报》显示全年国内生产总值744 127亿元，其中第一产业——农业增加值63 671亿元，占国内生产总值的比重为 8.6%。如果按产业与人口均衡分配原则，参照发达国家城镇化水平，再按照城镇化理论的某种逻辑，到 21 世纪中叶我国要成为发达国家，城镇化率应该达到80%以上，2030 年至少应该达到70%，就是说在未来 13 年，除了要将 2.8 亿农民工彻底塞进城市，变成市民，还有近 2 亿农民需要转移，共4.8 亿人，几乎与现在城镇居民人口数量相当。按照《新规划》，国家应改革户籍管理与农村产权交易制度，有效推进城镇化进程，但4.8 亿新"市民"有多少能找到工作顺利融入城市，真要打一个问号。

《新规划》第三篇第六章第二节节选：

实施差别化落户政策：以合法稳定就业和合法稳定住所（含租赁）等为前置条件——

全面放开建制镇和小城市落户限制，

有序放开城区人口 50 万~100 万人的城市落户限制，

合理放开城区人口 100 万~300 万人的大城市落户限制，

合理确定城区人口 300 万~500 万人的大城市落户条件，

严格控制城区人口 500 万人以上的特大城市人口规模。

这里出现了两个问题：一是落户的前置条件要求要有稳定的职业与住所。2.8 亿农民工"人户分离"，融入不了城市成不了市民，恰恰是缺乏稳定的工作与住所，设置这样的条件无疑将继续维护这样的不稳定。《新规划》在第一章就强调城镇化的意义"……城镇化水平持续提高，会使更多农民通过转移就业提高收入，通过转为市民享受更好的公共服务，从而使城镇消费群体不断扩大、消费结构不断升级、消费潜力不断释放，也会带来城市基础设施、公共服务设施和住宅建设等巨大投资需求，这将为经济发展提供持续的动力"。这里就有一个落户与从业的关系，即先落户还是先工作，像是鸡生蛋与蛋生鸡：稳定的职业需要有稳定的产业支撑，稳定的产业又需要稳定的市场消费群体，而农民工进不了城就形不成新的消费群体，拉动内需就无从谈起，如果 2.8 亿"人户分离"在这一环节解不开扣，新型城镇化也就只闻其声；二是对限制的程度与城市规模呈相反的方向，城市规模越大落户限制就越严。《新规划》充分肯定了城市群的地位与作用："……京津冀、长江三角洲、珠江三角洲三大城市群，以 2.8% 的国土面积集聚了 18% 的人口，创造了 36% 的国内生产总值，成为带动我国经济快速增长和参与国际经济合作与竞争的主要平台"。北上广深哪一个城市人口规模没有超过 1 000 万人？而且城市群都是以这些超大城市为核心发展起来的，对大城市落户限制显然不符合经济发展规律，也就很难培育出有竞争力的城市群，这样的政策与规划的目标有些南辕北辙。

像围城，我们一旦对外来人口设限，人为地阻止了人口的流入，也就阻止了人口的流出，就像保守的农民兄弟一样，城市居民一旦发现出去容易进来难，就不会轻易出去。城市容量当然是有限的，对大城市病也不能视而不见，不过对落户的控制还是应该靠某些"看不见的手"来维持一种动态平衡。除了制度改革，资源条件与经济要素是城镇化或新型城镇化的关键，因为再好的制度设计也离不开客观条件，否则即使农民工搬进城住进安置房，找不到工作就没有收入，也不得不靠救济度日，即拉动不了内需又会形成新的棚户区或蚁族，还不如让他继续待在村子里，那是属于他自己的"领地"，披一条破麻袋也能从容信步，至少有自己的一亩三分地自食其力，虽然还是贫穷，但至少活的有尊严。至于先挣1个亿，还是后挣1个亿，以后再说。

看不懂的城市群

大城市人满为患而小城镇又增长乏力，于是我们将目光投向城市群。城市群恰好可以发挥特大城市的带动作用，就像一帮江湖兄弟中的老大让小兄弟前呼后拥，将不断聚集的产业与人口再分配到临近的小城镇，甚至是村，或者在它的周围建一些卫星城，以一两个大城市或特大城市为核心的城市群内部相互协同，构成一个有机整体，即缓解大城市的压力，核心城市可以消肿继续保持活力，将一些不太核心的但又不能缺失的功能，比如像火葬场、再生纸厂、监狱之类放在周边小城镇，小城镇也能分一杯羹获得发展的机会。

城市群的出现是社会经济发展到一定时期，各种经济要素在更大范围内的流动与聚集，是市场经济作用下资源的进一步优化。这是一种现象，或是结果，而不一定是规划的目标，不清楚这一点一味追求或刻意"打造"城市群就成了本末倒置，结果可能适得其反。近几年全国掀起一股城市群规划热潮，范围涵盖了所有省区，甚至连拉萨也在其中。除了老牌的京津冀、长三角、珠三角城市群，截至 2017 年 3 月，国务院批准了包括哈长、中原、北部湾等 6 个国家级城市群，还有 7 个待批复，据悉全国各地已组织编制了包括上述城市群在内的 32 个城市群规划，如此庞大的计划看上去完全失去了目标。有学者对此提出质疑，认为其中不乏滥竽充数与揠苗助长，还会造成同质化竞争与资源浪费。市场经济遵循强者恒强的规律，人口不断向发达地区聚集，这就好比一场马拉松比赛，即便大家都站在同一起跑线上等待发令枪，领跑的还会是第一集团的最有实力的选手，况且它们原先就没有站在同一起跑线上，至于谁会胜出，年轻人似乎也已经给出了答案：如果让一位大学毕业生在这些城市（群）中选择工作地，一般不会跑出北上广等几个地方。

既然道理都清楚，国务院为什么还要不停地"放水"呢？想象一下原因可能不复杂：一来规划本身也不过是一堆纸质文件，研究探索也不是坏事，即便宏伟蓝图实现不了，也不过是一些挂在墙上的图，不会有什么损失，毕竟编制这样一个城市群规划相当于组织一次区域经济、社会管理、生态环境等各方面的综合研究，对于区域协调、资源整合都是有益的探索。规划审批就像当年中央给深圳一个政策而没有给钱，让他们自己"杀出一条血路"；二来既然大家都踊跃报名"参赛"，总得给人家一个公平发展的机会吧？至于这些宏伟蓝图能否都可以实现，那不由人的意志，而是经济规律，或者其他什么规律等一系列因素决定，甚至还有运气的成分。既然是竞争难免会同质化，铁匠与厨师之间是差异化发展，否则何谈竞争？总之，既然它取决于某种客观规律，我们就不能过多干预，审批同意就是不干预，不批准才是干预，况且不排除会有几匹黑马，多发展几个城市群终归是好事。打个比方：

一个部落首领要几个人去狩猎，召集族里的青壮年，大多数人都想去，只是弹药非常宝贵，于是他挑选了2个经验丰富的猎手和3个身手敏捷的年轻人，其他人还继续捡树叶、拾柴火。按规矩，猎物可以给狩猎者自己留一份以资奖励，其余交公，集体分享。另外，在出发前每个猎人可以从公共库存中领取一块风干肉，这些美味只有在过节时才能吃到一点。外出狩猎显然是一项美差，族长的决定立刻引起在场其他成员不满，大家议论纷纷。

——凭什么只让他们几个人去，难道我们不也是你的孩子吗？说他们有经验，是因为你一直都只叫他们几个，从来就没有给别人机会。

——比别人有能力？不让我们去怎么就能肯定，我们也要为家族出一份力。

——弹药不够吗？我们自己解决，不给家里添麻烦。

——打不到猎物，浪费食物？那是常有的事，他们不也失手过吗？！

——家里还有一堆杂活谁来干？回来大家一起干好啦。

——老七是个瘸子就不能去吗？他也为大家着想，也想尽一分力，身残志不残，至少应该鼓励，而且谁能保证不会出现奇迹，前年邻村的一个瞎子不是还逮到一只兔子吗？！

——有人被狼吃了怎么办？我们会对自己的行为负责，不用您老人家操心。既然您把大伙叫来共同商量，就不能忽视我们的看法，叫管家把风干肉拿出来吧，我们应该早点赶路！

族长心里明白多数人说的是真话，心里确实不服气，但有些人就不一样了：有的看别人都要去，自己不去显得没有上进心；有的只是去凑热闹，不想被边缘化；有的架不住老婆整天唠叨，嫌自己家吃了亏，而瘸腿老七心思根本不在猎物上，他只惦记着风干肉。族长权衡利弊后最终同意大家的意见，愿意去的都可以，免得落埋怨，况且应该给所有年轻人充分的机会，这样才能让潜在的后备力量脱颖而出。他也知道许多人会一无所获，甚至有人会丢了性命，但他该告诫该提醒的也都说了，最后为保险起见还是要留一手：给几位好猎手尽量多备一些食物和弹药，起码要保证全家族的人过年都能吃到肉，至于其他人能有多少收获，只能祝他们好运，他也不能事事替他们包办。

事情说起来可能就这么简单。城市群是城镇化发展到今天的高级形态，是工业化以来国家或地区经济发展到一定阶段的产物，是某些大城市由于具有良好的区位优势与交通条件，有充足的原料供应、广阔的市场，有精明开放的城市经营者、管理者，又不断吸引越来越多的投资人与打工者、创业者，再加几分政策倾斜与难得的机遇，像吸铁石、滚雪球一样越长越大、越大越长。在各种时髦的论坛与研讨会上，在诸多研究专著与学术期刊上，学者都在鼓吹城市群的聚集效应，声称这是社会经济步入现代化的标志，一些地方政府不再犹豫能不能，而是怎么样才能成为另一只领头羊。看到一些规划获批，其他省也就坐不住了，就像以往出现的情形，立刻跟风、一哄而上。这里面不乏一些被裹挟的成分，担心被认为不作为，有的则是怕吃亏，也就不可避免地夹杂着滥竽充数与揠苗助长：纳入国家级战略规划，就有财政倾斜与政策性贷款等好处，可以制定计划募集资金，有了钱就能上项目，有了项目就能融资，个中好处不言而喻，至于这些项目，或者说规划实施的效果如何，改革创新吗，总免不了有些失误——这是常有的事，谁也不是神仙。另外别忘了还有一些"风干肉"！反正羊群里突然冒出一群领头羊是一件不同寻常的事。

图1-1是一张全国22个城市群的规划示意图，看上去群星璀璨。未来能否形成这样的空间格局着实让人怀疑。如果再加10个，将32个

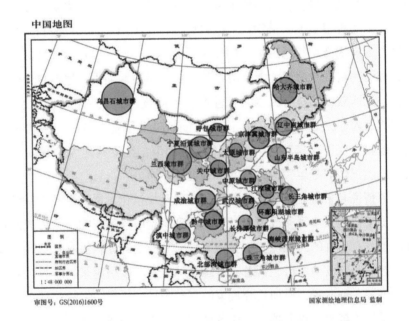

图1-1 全国22个城市群的规划示意图

城市群像种子一样播撒开来更是让人眼花缭乱，有多少可以生根发芽、开花结果，又有多少可以长成参天大树，只能让我们拭目以待。其实我

们规划多少城市群并不重要，而预判哪些可以长成参天大树，甚至是顺其自然可能才是问题的关键，如果操之过急，为了完成抽象指标让农民被城市化，形成的不是城市群而是城市"穷"，就像巴西过度城市化带来的结果，而且更糟：巴西人均 GDP 虽然与中国差不多，但人口只有2 亿人，国土面积 850 多万平方千米，可耕地面积有 150 多万平方千米，比中国多出约 20%，森林、水资源、矿产资源极其丰富，有足够的承载能力和产业发展空间，对于过度城市化或人们所称的虚假的城市化毕竟还有回旋的余地。而中国人口是巴西的 7 倍，人口、资源与环境成为城镇化进程中绕不开的麻烦，农民即便离土不离乡，就地城镇化，似乎也很难展望到乐观的前景。

西方人喜欢冒险而中国人善于模仿，前者确信富贵险中求，后者认定小心驶得万年船。城镇化、城市群标志着现代化，似乎成了颠扑不破的真理，城镇化也就成了走向现代化的必由之路，而西方发达国家的实践已经清楚地表明了这一点，我们看到、学习并深入研究了这一过程，于是认为我们走同样的路就能实现同样的目标，的确是一种稳妥的办法。

但还有问题：那些发达国家在此之前也做过同样的规划吗？或者说城市群、大都市带是他们规划的结果吗？城镇化是个好方向，但非农业化是否只有这一个方向？欧洲有超过 1 000 万平方千米的土地，总耕地面积是中国的 2.6 倍，人口 7.4 亿人，差不多是中国的一半，美国人口又不到欧洲的一半，而且当时拥有大量的海外殖民地为他们提供廉价的原料和广阔的市场；欧洲城市化进程早于我们 200 多年，日本也早于我们近一个世纪，在以加速度变化的世界，100 年前国际政治、经济与生态环境与当今世界无法同日而语。城市化进程是一个演进过程，这些过程总体看可能都很相似，但发展路径却不尽相同。我们能达到 70% 以上的城镇化率，达到就能发达吗？还有，戈特曼提出的大都市带（城市群）理论，说这些都市带人口规模一般都在2 000多万人，那只是他总结的一个现象，并没有说就不能突破这一规模，我们凭什么认定城市必须限制在2 000万人或3 000万人？为什么不会在更大范围以某一个或几个点为核心进一步高度聚集？跟风模仿，不愿意顺势而为不也是一种冒险吗？我们所熟悉的中国共产党的历史就是一部活生生的理论探索与创新史，那些先驱们也曾效仿十月革命的经验盲目攻打了大城市，但经过血与火的洗礼最终走上了农村包围城市的道路。我们坚持走中国特色的社会主义道路就必须探索中国特色的城乡空间格局，当然，如果说巴西的城市化是我们所认定的伪城市化，而我们就要实现真正的城镇化，但走出困境的方法应该不止一种，现代化的路径不一定只有一条，不是非此即彼。千军万马过不了独木桥就多架几座，兵分几路也未尝不可，原来的桥也还可以照用，如果找不到木头修桥，要么索性就不过桥，或许不去对岸本身就是个选项。总之无论是新型城镇化规划还是城市群规划都只是途径而不一定是结果，未来往往出乎预料。

其实也正是这一点让我们感到迷惑，也让人着迷。我们推进城镇化实际上是凭借以往的、别人的经验，这些经验又牢牢地附着在工业化的路径上，无论工业化升级改造到什么程度，好像无需我们多费脑筋。在我国如果新型城镇化有什么新思路值得探讨，首先应该设立新的坐标系，这个坐标系需要两个重要的外部参照：一是人口、资源与环境。如果不多费脑筋，这些麻烦一定会让我们走入死胡同；二是在我们还没有完成工业化，形成相对完善的工业体系和城镇体系时，就仓促迎来了第三次浪潮，也就是互联网、大数据与智能化，而且在一些领域还跑在了别人的前面，像是脚上穿着草鞋，脖子上又系着蝴蝶结，一副古怪模样。扭在一起的两件事找不到现成的经验，我们就不妨去设想一下会出现什么样的结果。

第二章

绕不开的麻烦

城镇化是实现现代化的途径而不是目的，离不开发展条件，这些条件包括必不可少的资源与环境，以及它们所能承载的人口，而这一直都是困扰我们的麻烦。随着我国向现代化迈进的步伐不断加快，如果不适时调整策略，这些麻烦会像逆风航行一样，速度越快阻力越大，最终达到一种动态平衡，也可能导致发展停滞，跌入中等收入陷阱，从而使我们强力推进的城镇化有可能演变成像巴西一样的伪城镇化。

土地资源

我国国土总面积居世界第三位，但人均占有国土面积不到世界人均水平的1/3。截至2015年年底，全国耕地20.25亿亩，人均耕地面积1.48亩，相当于世界人均耕地面积的40%，加拿大的1/18，美国的1/8，印度的2/3。国土规划将土地分为农用地、建设用地和未利用地。截至2014年年底，全国共有农用地645.74万平方千米，其中耕地135.06万平方千米（20.25亿亩），园地14.38万平方千米，林地和牧草地分别为253.07万平方千米、219.47万平方千米；建设用地38.11万平方千米，其中城镇村及工矿用地31.06万平方千米，其他为未利用地，包括沙漠戈壁、高寒冻土，以及江河湖泊等。林地和牧草地占了国土面积的近一半，但不要以为那就是茂密的森林和美丽的大草原，国家林业局最新数据显示全国森林覆盖率目前为21.66%，国土分类所述的牧草地也包括了大范围的荒漠与半荒漠草原，由于干旱少雨，过度放牧，这些地方草场退化、植被稀疏，生态环境脆弱，看上去与戈壁没多大区别。为了阻止沙漠进一步蔓延，需要采取禁牧、退耕还林还草等措施，耕地不仅难以扩展，还不断被建设用地侵占，建设用地与耕地矛盾日益突出。

2006年2月在一次新农村建设国际研讨会上，国土资源部专家曾指出我国村镇建设用地总量是城市建设用地总量的4.6倍，布局散乱，粗放利用，人均用地185平方米，总量高达16.4万平方千米，接近于河南省的总面积，远超国家标准。2000—2011年，城镇建成区面积增长76.4%，远高于城镇人口50.5%的增长速度；农村人口减少1.33亿人，农村居民点用地却增加了 3 045 万亩，这些按照城市建设标准是 2 亿人的用地规模，这样里外浪费了 3.3 亿人的城市建设用地。例如，华北平原一个普通的县，村镇建设用地面积占全县总面积在 16% 左右，是什么概念？相当于在 100 米×100 米见方的地方占了近 40 米×40 米面积。沿公路穿行在乡间不是一望无际的田野，而一个接一个、像古钱币一样单调乏味的村庄，这些村庄不仅占用了大量农田，也严重妨碍了现代农业的集约化生产。

如果这些描述有些抽象，不妨看看下面两组图片对照（图 2-1 至图 2-4）：农田主要集中分布在我国几大平原，即华北平原、东北平原、长江中下游平原和及四川盆地，是我国粮食主产区，也是人口最稠密的区域。第一组图是在卫星地图上随机截取的我国华北平原乡村居民点的放大截图，第二组是在美国中西部以同样比例截取图：美国乡村的一个居民点就一户人家，包括一座住宅、一个谷仓、一个小水塘和一片树林；而中国居民点则是一个村庄或集镇，少则几百户，多则上千户。

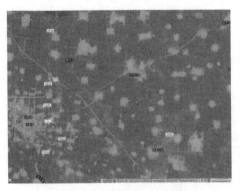

图 2-1　华北平原卫星影像

相关数据显示，2015 年中国农村常住人口 6.2 亿人，城镇居民人均可支配收入为 31 195 元，农村居民为 11 422 元，城乡收入比为 2.73∶1。扣除农民工进城务工的收入，比例会更高。如果农民可支配总收入分摊在 20.25 亿亩耕地上，每亩地纯收入 3 500 元，单靠农业生

图2-2 华北平原卫星影像局部放大

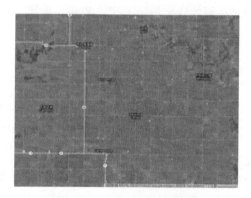

图2-3 美国乡村卫星影像

（注：图2-3中较大白点只是地图标识）

产根本做不到，按照官方2016年数据所反映的农业生产总值，平均每亩产值在3 000元左右，如果去除畜牧业、渔业等其他副业，再扣除水费、农资、化肥等其他生产成本，每亩地纯收入充其量也只能在1 000元左右，收入的大部分来自进城务工或非农业领域，这也印证了目前乡村人口70%以上劳动力在外打工收入的大部分来自进城务工。未来30年至少减少3/4农民才能勉强保持发展均衡。

用世界6.5%的耕地养活20%的人口，要付出代价。健康的土壤是

图 2-4　美国乡村卫星影像局部放大

活的有机体，如果在原始森林里抓一把土放在显微镜下，如同森林本身一样有细小的枯枝败叶、昆虫残存的肢体、各种菌类、微生物、蚯蚓。而现在农田中这些腐殖质、有机质几乎荡然无存，粮食种植几乎变成"无土栽培"，只能依赖化肥，生产的粮食、水果不仅口感差，许多关键性的微量元素严重缺失，与此同时化肥生产每年消耗的能源占全国总能耗的 5%，所以我们吃的东西从某种程度说不是长出来的，而是人工合成的。2004 年至 2015 年，我国粮食产量连续 12 年增长，创造的世界粮食生产神话也几乎是以杀鸡取卵的方式取得的。目前全国耕地退化面积占总面积的 40%，相关资料显示，2015 年我国化肥用量是美国与印度的总和，超过世界平均用量的 57%，北大荒每一米厚的黑土地需要 3 亿年的地质年代积累，如今以每年 0.1 米的速度退化，10 年攫取 3 亿年的积累。而据地理学家推断地球存在了 46 亿年，如果把耕地质量因素考虑在内，我国耕地有效面积就不是美国的 1/8 了。即便如此，我们能生产的、可以达到某些国际标准的绿色有机食品基本出口美国、欧盟和日本，国内只在北京、上海等几个大城市的大超市设有专卖点，但价格昂贵。北京在 2017 第 21 届中国国际有机绿色食品博览会现场展示的符合国际高标准的大多数展品的价格是居民小区普通超市商品价格的几倍，对于大多数人来说还是奢侈品，过上高质量生活还有待时日。

　　大力推进城镇化可以有效地整合土地资源，提高土地利用率，尤其是整合乡村大量浪费的村镇建设用地，如果近 5 亿农业转移人口平均每人优化腾退出 50 平方米土地，理论上全国就可以整理出 3 700 多万亩耕地，的确不是个小数目，约占现有耕地的 1.8%，但无法从根本上改变耕地资源稀缺的状况。当然了，能多一些毕竟是好的，而耕地的严重退化却是一种无奈的结果，要恢复这些土地的"元气"不在一朝一夕。阻止土地继续退化，意味着粮食减产，又需要大量依赖进口，而粮食安全一直是我国一项基本国策，因此不得不在质与量之间进行选择。十九大报告说中国人要把饭碗牢牢地端在自己手里，究竟怎么端，饭和"碗"之间怎么保持平衡是个令人纠结的问题。

旅游业的前景

人们一旦意识到文化对旅游业开发的价值，对祖国传统文化立刻表现出前所未有的热爱与赤子之心，甚至引起了不小的混乱：由于不像现在有完备的户籍与档案管理制度，古代名士们确切的居住地或出生地有时无从考证，尤其是像李白这样喜欢浪迹天涯的艺术家、诗人。大约在2010年前后，以屈原故里端午节发源地为代表的名人故里争夺战在全国拉开序幕，一时狼烟四起：老子、墨子、曹雪芹、尧舜，甚至还有秦桧、小说中的赵云、西门庆、孙悟空故里，竞相成为争夺的目标。以这种欠缺文化涵养的方式争夺文化资源，发展文化产业，像一群傻瓜进行智力大赛。不过事情到了这个地步，说明一旦具有经济价值，看似丰富的文化资源已经被瓜分得所剩无几，而且这些勉强争来"资源"在人们心中反而会变得一文不值。

一个人或几个人相约出门旅游就要拿着拉杆箱，乘飞机、坐火车，然后打的或网约车，到他预定的宾馆，这个宾馆所在地就是他旅游的目的地。白天他买景区景点门票参观游览，在街边小餐馆品尝当地特色小吃，在导游介绍下买几件地产茗茶、珠宝首饰、手工艺品，晚上观看一场大型实景表演，诸如"印象某某某"，第二天或在导游怂恿下去一个溶洞体验一下探险的旅程，虽然没有掉进深渊，但由于洞中阴冷潮湿使他老寒腿旧病复发，不得不住院治疗一周，好在他出门前买了相关保险，保险公司给予全额赔付。

从旅游者出门的一刻起，消费贯穿了"吃、住、行、游、购、娱"，甚至金融保险的全过程。其中，他在街边饭馆吃饭直接获得收益的是餐饮业，饭馆需要鸡鸭鱼肉葱姜蒜，还有米粉、腊肉等原料供应，带动了周边的农副产品及其深加工，购物消费促进当地特色手工业发展，而晚上大型实景演出则让乡里的村民们牵着家里的水牛，把平时去田里干活的过程在聚光灯下再毫不费力地演示一遍，再拿一份工钱，农民变成了业余的群众演员，地方经济就在旅游者的消费中活络起来。2016 年丽江市人口有 128 万人，市旅游局公布数据显示这一年接待旅游人数为 3 500多万人次，旅游总收入 600 多亿元，尽管云南烟草誉满全国，但这里旅游却是名副其实的无烟支柱产业。

　　毫无疑问旅游可以带动一方经济，而且是一种绿色可持续发展模式，但不是所有地方都可以发展的。在旅游者消费过程中的景区景点就成了吸引游客的关键，否则其他条件再好也无济于事，就像天底下再好的宾馆也不如自己的家，我们只听说过宾至如归，没听说归至如宾。这里的"景区景点"就是在旅游业中的核心资源，它可以是名山大川，可以是千年古树、优美的高山湖泊，可以是文物古迹、阳光沙滩，或者是名人故里或某个传说，是一切能够吸引人来此游览、驻足、体验、访古探幽，得到生命的启示或受到惊吓刺激的、人们创造或大自然馈赠的遗产，是可遇不可求的财富。既然大家都在大力发展旅游业，谁也不愿落后，于是旅游规划成了一个地区、一个县甚至一个乡规划体系中的必不可少的内容，旅游局也是政府不可或缺的职能部门，旅游项目也就成了必需的项目，旅游规划业务应运而生。

　　规划师针对当地旅游资源的有无，不外乎三种策略：一是靠山吃山，二是借题发挥，三是无中生有。靠山吃山很简单，就是凭借优质资源，比如长城、故宫或九寨沟这样拜先人和老天爷恩赐，"躺"在那里就可以收钱；无中生有也不难，就像深圳的"景秀中华""明斯克"航母、主题公园，或建一个海洋馆、游乐园、一个像拉斯维加斯那样的赌城，或是迪拜，用钱活生生打造一个景点、一座城，再投入大量资金进行广告宣传提高知名度，但这种方式需要冒很大风险。政府不是企业，更不是赌徒，不会也不该去冒险；借题发挥则是利用某些无形的文化遗产，像《红楼梦》《水浒》等文学名著建造大观园、聚义厅等景点，或利用名人故里，如秦桧、朱熹、李白等，做一些假古董或举办祭奠仪式，来实现所谓"文化搭台，经济唱戏"的文化旅游产业。

不过将一些有点观赏价值但又不是很高，比如一个普通的小镇、一处古遗址、一片水塘、一个山沟或一个废弃的小工厂等，或牵强附会地利用一些故事和传说作为题材，建一些旅游景点吸引游客也是常有的事。在这种可有可无之间，对于那些旅游策划"大师"来说可以化腐朽为神奇，大有文章可做。由于发展心切，愿意相信所谓唯一性、独特性的人，是因为他们非常希望这样，这在精神病学或心理学可能解释为某种程度的妄想症。假如有人告诉你说你是全班或全年级唯一的、父亲是东北人，母亲是四川人而家又在河南的学生，是不可替代的，你怎么想？理论上说所有事物都有它的唯一性，关键在于资源的价值。所幸现在的地方官员没那么容易被说动，之所以听这些"半仙"忽悠，只是想得到一些启发，最终会有自己的判断。

还有一些资源，例如，某种珍稀濒危植物或古遗址具有一定的学术价值但并不具有观赏价值，而此时开发者却一厢情愿认为人们都是植物学或考古学爱好者。有价值的资源毕竟是少数，物以稀为贵，否则"名气"从何来？况且这些旅游资源不仅在数量，而且环境容量都是有限的。

风景区的环境容量是指游人充分感受到大自然的气息，不会感到处处是人，也不会对生态环境造成干扰时能够允许的最大游人量。在贵阳市西南约30千米处，有一个叫"红枫湖百花湖"景区，面积约200平方千米，气候宜人，湖光山色如人间仙境，是观光游览与休闲度假理想之地。然而规划人员调研时发现，在景区范围内生活着5万多村民，如果按照环境容量推算，每天的游人接待量与这一数量大体相当，就是说迁出多少居民，才能接待多少游人，令许多投资者望"湖"兴叹。

受古北水镇、浙江乌镇启发，国家提出建设一批特色小镇，使其具有特色产业、特色风貌、特色文化和特色人居环境，既能带动旅游与第三产业、增加就业，又能促进城镇化，缓解大城市的压力，不失为一个好的举措。各地政府似乎终于发现一条新途径，竞相效仿，一时间特色小镇的规划与建设像雨后春笋一般。好在这股热潮中，大多数地方政府还是保持了清醒的头脑，他们考查了浙江一些成功案例后表示"那里的经验我们学不了，也学不起"：有钱就可以"任性"，可以动辄花几亿元甚至几十亿元去打造特色。全国有1 500多个县城，2万多个镇，能荣幸地成为"特色"品牌的小镇恐怕不会超过10%，能形成全国知名品牌的可能不到1%，我们说百里挑一，也就是这个意思。

新型城镇化重点关注于人的城镇化，让农业转移人口的再就业。随着科技进步，尤其是传统制造业的升级改造，自动化与智能化程度越来越高，也就是我们所说的后工业时代，产业人口又向第三产业——服务业转移，而第三产业目前能容纳多少就业人口，马云和王健林他们也给不出什么答案，因为科技进步的速度丝毫没有减弱的迹象，反而是越来越快，传统服务业岗位面临威胁。蚁族现象说明大城市就业机会趋于饱和，2.8亿"人户分离"农民工融入城市举步维艰，再转移2亿人口更是难上加难，因此产业支撑必须在更大范围、更多领域寻求依托。

在产能明显过剩而又消费不足的背景下，旅游业成为各地政府关注的重点和新的经济增长点，于是旅游局也就积极行动起来，原本作为重点保护对象的各种级别的风景名胜区，被数量不等的"A"级景区标签取代，如今这些3A、4A标签随处可见，许多人搞不清这些标签的评定标准是什么，有时我们甚至可以在某个县城看到一个普通公园都会冠以4A景区。事实上几个A代表景区服务设施配置与服务质量，比如交通、卫生、住宿等，并不反映旅游资源的价值，像长城、故宫这样的世界级遗产，也有可能因为交通条件不好、或缺少厕所等卫生设施所而达不到5A，但无论贴多少A，资源并不会增加，毕竟我们不能像发行货币一样因为贴了许多A就指望增加流动性。

旅游业在我国是一个蓬勃发展的朝阳产业，资源也不可谓不丰富，但高质量景区往往人满为患，令人窒息，中高收入群体更喜欢出境游，造成高端消费"肥水外流"。旅游消费由初期的走马观花式的参观游览逐渐转变为生活体验型的休闲度假，出远门旅行既需要时间也很辛苦，周末约几个朋友或带家人到郊区优美的环境中小住两天，呼吸一下新鲜空气，吃顿农家饭，按中国人的习惯喝杯茶，打打麻将，是普通百姓最普通的诉求，但在城市周边能够找到这种环境又很难。这里其实就包含了两个方面的问题：一是旅游业与其他门类产业一样，发展也是有限度的，也就是我们常说的会遭遇"天花板"，尽管能够撬动其他产业联动，对国民经济发展起着不可或缺的作用，但不是万能的，有时对于地方来说只能是可遇不可求；二是人们越来越注重自己的生活品质，从观光游览转向休闲度假。与其费尽心思招揽顾客，不如努力改善自己的居住环境，只有自己喜欢，别人或许才会来。丽江古镇当初并不是为游客建造的，那就让我们随遇而安，不能指望人们像串亲戚一样到处瞎逛。从经济学角度看发展旅游业说到底是拉动内需，增大人们的消费需求，为服务业创造更多的就业岗位。

既然旅游资源是有限的，为游客提供接待服务所建立的各种设施，包括旅游集散地、旅游依托镇的规模也是有限的，而产业发展的另一个方向，即休闲度假，就是暂时离开拥挤喧闹的市区，换一个环境，又不宜离家太远，这其实已经超出旅游的范畴，演变成城市向郊区扩张的潜在需求，甚至就是城市环境改善的需求。与发达国家一样，人们可以住在郊区别墅，工作地点在市区，只是我们的土地资源满足不了多数人的需要，大家只好分时间段共享这些资源，而最终的趋势或市场需求则是城市低密度居住区的扩张。

能源与环境

根据国际能源署（IEA）《世界能源展望 2016》报告，未来数十年内，全球要摆脱化石能源的主导地位、实现巴黎气候大会制定的气候目标可能还需要很长一段时间。《2015 年中国环境状况公报》显示，全国 338 个地级以上城市空气质量监测的结果，只有 73 个边远城市环境空气质量达标，265 个城市环境空气质量超标。全国共出现 11 次大范围、持续性雾霾过程，大量航班停飞、高速公路关闭，给交通运输和人体健康带来不利影响；全国 5118 个地下水水质监测点中，水质为优良级的监测点比例为 9.1%，良好级的监测点比例为 25.0%，较好级的监测点比例为 4.6%，较差级的监测点比例为 42.5%，极差级的监测点比例为 18.8%，即 60% 以上都受到不同程度污染。由于地下水是通过土壤渗透下去，土壤污染更是灾难性的，代价也过于沉重。

所幸我们距告别雾霾的日子可能不远了。英国 BP 石油公司的《2016 年世界能源统计报告》数据显示，2015 年年底全球石油、煤炭和天然气储产比分别为 50.7、114、52.8（中国分别为 11.7、31、27.8），就是说以当前的消耗量，三种能源分别将在 50.7、114 及 52.8 年后"耗尽"。这只是静态计算，如果中国在 2050 年左右进入中等发达国家行列，人均 GDP 至少（不计通胀因素）是现在的 3 倍，即使每万元 GDP 再节能 30%，能源消耗还会成倍增加，再加东南亚国家的快速发展，全球化石能源耗尽的日子可能不会超过 30 年。

太阳能是取之不尽用之不竭可再生能源，但太阳能电池板的生产却具有高污染、高能耗的特点。据悉，生产一块 1 米×1.5 米的太阳能板必须燃烧超过 40 千克煤，但即使中国最没有效率的火力发电厂也能够用这些煤生产 130 千瓦时的电——这足够让 2.2 瓦的发光二极管（LED）灯泡按照每天工作 12 小时计算发光 30 年。而一块太阳能电池板的设计寿命只有 20 年（360 百科《光伏发电》）。

可燃冰是一种高效清洁能源，有专家估计其全球储量相当于石油、煤炭和天然气总储量的两倍。2017 年 5 月，我国对外宣布在南海油气田对可燃冰的开采试验获得成功，预计在 2030 年进行商业开采，消息令人振奋，不过对开采成本并没有做进一步说明。美国能源部的公开资料显示，目前可燃冰开采成本平均高达每立方米 200 美元，即使按照 1 立方米可燃冰可以转化 164 立方米的天然气来换算，其成本也在每立方米 1 美元以上，是我们目前使用天然气价格的 6~7 倍，远高于通过成熟技术开采常规天然气的成本（新浪科技）。

就像风能、太阳能等清洁能源由于许多技术瓶颈还有待突破，传统能源在未来相当一个时期仍占据主导地位。在我国一次能源消费结构中，煤炭占 2/3，这些煤用来发电、采暖，以及冶炼等，是碳排放与空气污染的主要来源之一。但由于价格低廉，一时难以被取代，如果被其他能源取代，哪怕是燃油，新的麻烦就会接踵而至：目前国内原煤价格每吨在 650 元左右，国际原油价格维持在每吨 4 400 元左右的较低价位，换算成标准煤取得同样的功效，原油超过煤炭价格的 3 倍，我们不得不在空气质量与室内温度之间进行选择。相关数据显示 2013 年我国对外石油的依赖度达到 75%，从 2009 年开始成为煤炭净进口国，到 2013 年煤炭净进口数量超过 3 亿吨，占当年全国总产量的 8% 左右。虽然我们也在不断更新探明能源储量的数据，架设由俄罗斯和巴基斯坦输入国内的天然气管道，但传统能源总量不断缩减是大势所趋，开采成本会越来越高也是不争的事实。农村经济发展落后，相对地能源消费水平也比较低，如果按未来城市群的发展规划将城镇人口扩大一倍，不仅是国内，全世界几种主要能源的储产比怕是要改写一下，否则城里到处都会游荡着卖火柴的小女孩。这肯定不是我们所希望的新型城镇化。

人口老龄化

20 世纪 60 年代大型群雕《收租院》展现的是在新中国成立前，在四川大邑县，地主恶霸刘文彩的庄园逼迫农民交租的情景，作品一经推出就轰动全国，直到今天主创人员在谈及创作历程时仍然兴奋不已。对于作品所反映的历史真实性也有人提出质疑，不过在当时以阶级斗争为纲的特殊年代，出于政治宣称需要，人们宁信其有，而且采用了非常写实手法，找来当地村民做模特儿，按真人大小，表现得栩栩如生，让参观者深信不疑，一时群情积愤。时至今日人们早已走出狭隘的意识形态观念，对其真实性也有自己的判断，而四川美院雕塑系师生充满激情的虚构故事和精湛的技法让刘文彩的后代吃了不少苦。既然这种"创作"的故事都会让社会群情激奋，那么真实的事件所引发的社会不安就可想而知。

如果你熟悉这部作品就会发现其中有一组老人孩子背负沉重的口袋的身形与网上流传的"口袋婆婆"照片有着近乎神奇的相似。收租院是泥塑的，而"口袋婆婆"却是真实的。也是在四川，几年前一位网友在成都街头抓拍到这位 80 多岁靠捡拾废品为生的老人"口袋婆婆"，不仅自食其力顽强地活着，还在抚养照顾已经 50 多岁的、无法自理的女儿和一个外孙。她的境况刺痛了无数人，人们纷纷慷慨解囊，2017 年 12 月中央电视台新闻周刊报道了此事。如果这只是个孤立事件，而且有许多好心人来帮助，那么人口老龄化才是不久的将来最大的"口袋"：相关数据显示目前全国有各类养老服务机构 4.2 万余个，拥有床位 493.7 万张，平均每千名老年人仅拥有床位 24.4 张，出现了老龄人口多，而床位少的结构性矛盾（突袭网）。有记者调查北京百余家养老院，普遍存在能够自理和不能自理老人混住情况。一家能够自理的老人和不能自理的老人分开居住的养老院，现排号 7 000 人，普通老人要等10 年才能入住（新京报）。在北京，不同档次的养老院收费，每月每个床位大多从 1 千元至 1 万元不等，有的甚至高达几万元，以当前人们对生活质量的要求，每月在七八千元以上才能得到比较满意的服务。普通离退休人员，如果退休金不高，标准低一些或许也能凑合，但对于低收入人群好像就没有着落了，这种老无所依所造成的社会不安，就出现了我们现在媒体上看到一些老人为何会丧失理性、诬告好心搀扶起他的年轻人、令人感到极度沮丧的情形。

资源与环境说到底是人口问题，不仅是数量，还有年龄结构。目前我国人口数量接近 14 亿人，人口学家推算人口高峰期是在 2030 年左右，达到 14.5 亿人，据全国老龄委数据显示，2015 到 2035 年，中国将进入急速老龄化阶段，老年人口将从 2.12 亿人增加到 4.18 亿人，占比提升到29%，2050 年这一比例将进一步上升至 36.5%。就是说未来城镇人口中至少 1/3 是老年人，加上从事养老产业人口，城镇有近四成人口是围绕养老与被养老运行的，可以肯定几乎所有城市或城市群的性质或主导功能毫无悬念地成为养老城市群，如果不这么做，"口袋婆婆"就是老年人的结局。只不过这样一来似乎和我们规划城市群的目标出现了偏差。城市群是要将广阔区域内的各种经济要素进行汇集整合，形成产业集群，产生聚集效应，这些要素包括港口码头、铁路机场，各种原料、半成品、能源与产品方便快捷地进出，各种厂房、流水线首尾衔接、快速高效，决策机构、研发团队紧密协作，各种产品展示、演讲、发布会、研讨会、学会、年会、论坛令人目不暇接无所适从，科技成果层出不穷，高等学府新人辈出，高端人才源源不断，地铁、轻轨如行云流水，人流穿梭不息，人们不停地叫着外卖行色匆匆，每一个车间，每一幢写字楼，每一个车位和收费站，每一台自动售货机、打印机，每一次会议，每一条街道，每一个方案论证和每一次心跳，马桶旁的每一卷卫生纸都在飞速旋转，分分秒秒计算着它的成本和收益，是4.0版、8.0版的现代都市，是最先进的高新技术产业和战略性新兴产业集合体，是世界经济的制高点和领头羊。白领们整天像热锅上的蚂蚁，跑都来不及，哪有时间去管那些慢吞吞的养老院。

不过说到尽义务当然义不容辞。城市的经营者会找专业团队，非常规范地解决问题：他们会迅速建立各专项小组，进行项目背景陈述、前期调研，分析论证项目的必要性与可行性、客户特征，包括老年人群体的构成、空间分布、健康状况、行为习惯，自助、失能与半失能分类，救助型、经济型、舒适型与奢华型分级，规划从入院、料理、康复治疗、探视、重症监护、临终关怀、火葬场、殡仪馆、灵堂、墓园、追思等一系列流程与产品的定制。建筑师会根据这些精确的指标分析，进行功能分区与各种流线设计，这些流线又包括人流物流、水平交通与垂直交通，食品原材料的进入、污物出口、消防通道，衣服床单的换洗，亲友探视与媒体采访、信息反馈；是采用类似灌装流水线还是物流传送带，考虑采用高层建筑还是大跨度空间结构，或是多层轻工业厂房式的、自由灵活的空间布局……，总之一切都是快速、便捷、高效的人性化、智能化设计。老人聚在接待大厅时高矮胖瘦不一，有的沉默寡言，有的喋喋不休，"出去"时都会变成标准化的小巧精美的骨灰盒。这是我们的归宿？反正我不打算到那里去。

我宁愿像"口袋婆婆"捡拾酒瓶也不想变成二维码，被加工成沙丁鱼罐头。虽然不会写诗，也更愿意像李白一样喝点儿劣质烧酒东游西逛。我们要去河边散步，像百灵鸟一样唱歌！也要坐在公园的长条椅上模糊地回忆起从前无聊的往事，一群老朋友像海豹一样挤在一起，肋骨蹭着肋骨各说各话。老年聚落并不需要深水港码头与出海口，以及繁忙的超大型航空港与交通枢纽，也不需要坑口发电、大量的电解铜、3D

打印机、高架桥与动车组，他们心脏承受不了。他们需要舒缓的节奏、宁静的山林与袅袅炊烟，一条青石板的路，一棵树、一片草地、一个小水塘或一本书、一杯茶，还有一条懒洋洋的癞皮狗，能让生命的黄昏归于平静。

然而这又与我们希望打造的未来现代化大都市、城市群的目标相去甚远。将两种截然相反的功能混搭在一起会相互影响，我们发展城市群目的是要将所有经济要素组合在一起，寻求快速高效，大进大出，需要大量新鲜血液和年轻化，与养老产业是两种截然相反的方向，就像一群老头老太太与一群年轻人一起挤公交车相互干扰，谁也过不好。

中等收入与一带一路

"中等收入陷阱"是世界银行于 2006 年在一份关于东亚经济发展报告中提出的概念，大体意思是说很少有中等收入国家能够跻身发达国家行列。世界银行将人均国民收入（GDP）在 3 000~12 000 美元的国家归类为中等收入国家，指出当一个国家从人均收入不足 1 000 美元开始起步到 3 000 美元之前是处于快速增长期，到 3 000 美元左右，即进入中等收入后由于廉价劳动力成本优势丧失，又缺乏与发达国家竞争的技术优势，再加上环境污染、社会问题以及长期积累的各种矛盾集中爆发等因素，经济发展开始停滞，从而陷入所谓"中等收入陷阱"。

世界大多数国家属于发展中国家，按这一逻辑都会存在所谓的"中等收入陷阱"问题。像墨西哥、巴西、菲律宾、马来西亚、南非以及东南亚和拉丁美洲的一些国家，在 20 世纪 70 年代均进入了中等收入国家行列，但直到现在仍然停留在这一水平。如马来西亚 1980 年人均 GDP 超过 1 800 美元，2014 年仅 1 万美元左右，计入通胀因素，几乎没什么变化。而阿根廷在 1964 年时已超过 1 000 美元，20 世纪 90 年代达到 8 000 多美元，但 2002 年又下降到 2 000 多美元，到 2014 年才回升到近 13 000 美元。这些国家仍然徘徊在人均国内生产总值 4 000 至 12 000 美元的发展阶段，并且见不到增长的动力和希望。经济学家认为摆在亚洲国家面前的陷阱是"中等收入陷阱"。亚洲许多国家，近几十年来飞速发展，由低收入国家步入了中等收入国家之列，但随之而来的很可能就是"中等收入陷阱"（百度百科）。

中国自改革开放以来从人均国民总收入不足 300 美元的"贫困陷

阱"到 2014 年达到 7 400 美元。而 2015 年 7 月 1 日世界银行的归类，中国已经进入中等收入偏上国家的行列。我国自 2012 年经济增速开始放缓，进入"换挡期"，于是经济学界，尤其是国外学者关于中国面临"中等收入陷阱"的声音开始频繁出现，一些国内学者和真切关注中国发展的人们也开始有些忧心忡忡。看来中国只有跨越中等收入陷阱，才能在今后的十年内进入高收入国家。

世界银行的这份报告当时只是总结了这些统计数据的一个现象，而所谓陷阱也不能算是严格意义上的经济学术语或概念，但热衷于"唱衰"中国经济的人则迫不及待地对号入座，其潜在的动机无非是干扰投资者信心。好在我们没有被这些言论迷惑，当时就有学者敏锐地指出其背后存在着明显地"逻辑陷阱"，但人们如此关注这一话题的实质却是我国经济是否具有持续增长的动力。假如我们相信存在这种陷阱，也不妨沿这一逻辑做一些分析。

按这种逻辑，能否成为发达国家像是一种宿命。好比一个班的学生，成绩总是有好有坏，虽然有变化，但排名总体上是稳定的，假如一个学生经过一番努力，成绩由末尾提升到二三十名的中等水平，比较容易做到，但要想进入前十名就难了，如果再想名列前茅，可能需要一些超常天赋。因为每上一个台阶，难度就会成倍增加，不是简单的投入时间与精力，其他要素的作用越来越明显，包括健康、兴趣、经历、视野、家庭环境等。同样，一个国家能否跨越"中等收入陷阱"取决于多种因素，包括国家的能力、意愿、发展策略、外部环境及资源条件等。

国家能力，我们可以理解为政府执行力、国民素质、教育水平及创新能力，决定了一个国家的发展潜力。例如，日本在"二战"前就是发达国家，战争使其毁于一旦，但多数人还是生存下来，经济开始从一片废墟上恢复，人均国内生产总值在 1972 年接近 3 000 美元，到 1984

年突破 1 万美元，从中等收入国家跨入高收入国家花了大约 12 年时间，除了美国大力扶持，不能不说其人口"底子好"。

意愿与发展策略属于人为因素，我们可以理解为政府、决策层，或掌控国家的利益集团或精英阶层是否愿意与大众共享发展成果，并积极采取各种措施应对形势变化。如果公平缺失，贫富差距扩大，社会财富掌握在少数人手里，广大中低收入阶层消费能力不足，不仅缺乏发展的内生动力，还会导致社会动荡、政权更迭；如果政府缺乏执行力，对经济秩序不加必要的管控，又会导致投机盛行、腐败蔓延、发展停滞。中国的政治体制是长期历史文化积淀的产物，好处在于能够举全国之力，集中力量办大事。幸运的是我们处在一个民族觉醒与变革的时代，党和政府正在励精图治，提出两个"一百年"目标，一个是在中国共产党成立一百年时全面建成小康社会，一个是在新中国成立一百年时建成富强民主文明和谐的社会主义现代化国家，表明了决心。

国外专家参观中国航天飞行控制中心时吃惊地看到，与他们自己白发苍苍相比，这里的科研人员简直就是一群孩子：平均年龄不到 30 岁，充满朝气又从容自信，令他们羡慕不已。其他研发领域大致如此，目前我国仅本科在校生就有 3 600 多万人，不包括硕士研究生博士生，相当于波兰总人口，所以我们不缺高素质的人才与创新能力。《中国制造2025》提出创新驱动与绿色发展，通过"三步走"实现制造强国的战略目标：第一步，到 2025 年迈入制造业强国行列；第二步，到 2035 年中国制造业整体达到世界制造强国阵营中等水平；第三步，到新中国成立一百年时，综合实力进入世界制造强国前列。我们也不缺少行动计划，似乎没有理由遭遇"中等收入陷阱"，不过事情好像没那么简单。

俄罗斯由于不断受到西方挤压与制裁，昔日拥有半个地球影响力的帝国如今经济总量只有中国的 1/5。不过俄罗斯似乎表现得很从容，正如一位军事评论家所说，除了保持着强大的武装力量，辽阔的疆土、广衷的森林和几乎取之不尽的资源，让它有足够的底气与西方抗衡。假如中国遭遇类似情况可能就成了棘手问题。2013 我国年对外部石油的依赖度达到 75%，就连储量丰富的煤炭也开始进口，即使不受制裁，也不排除能源价格一轮又一轮上涨；在金融危机之前的一个时期，无论中国进口什么大宗商品，价格都会一路飙升，即便不是人为操控，将来也会由于需求量与开采成本增大而上涨，使制造业成本高居不下，利润空间受到挤压，导致制造业萎缩。

"一带一路"是一种开放型战略，跨越国界在更大范围寻求资源整合，来解决资源短缺，拓展更广阔的市场，倡导开放与包容，从某种角度看不是在预期结果，而是走向更大的竞技场，是在积极应对国际形势的变化，也显示出大国自信。但在多种要素的竞争中，要形成财富高地还有很长的路要走。假如在半个世纪前成为世界工厂，中国一定是世界经济领头羊，但在全球经济一体化进程快速发展的今天还没有站在产业链的前端或高端。勤劳不一定致富，有时越是辛苦劳作越会像地主家的长工一样遭盘剥。我国出口给发达国家的光伏产品大都是初级产品或半成品，要消耗大量能源并付出沉重的环境代价，比如生产光伏发电多晶硅切片需要采矿、冶炼、切割、酸洗、抛光、打磨等等，都是些脏活、累活，我国在这一领域又是"两头在外"，而发达国家得到这些物美价廉的半成品再进行精细加工组装、贴上标签并投入使用，从而不断改善它们的环境。

有钱人当然要选择好的居住和消费环境，开放意味着人的自由流动，人往高处走，发达国家接受移民的条件越来越严苛，最后就像采茶叶，只会"摘走"顶端人才。目前，美国投资移民的条件是每人至少50 万美元，中国人均 GDP 不到 1 万美元，一个人用至少 60 年所创造的财富才能换取在美国的生活的机会，而且这些财富不是这一个人的创造，多数人的辛劳常被小部分人带走，发达国家可谓人财两得。2010

年5月，时任美国总统奥巴马在澳大利亚公开演讲时说"如果10多亿中国人口也过上与美国和澳大利亚同样的生活，那将是人类的悲剧和灾难，地球根本承受不了，全世界将陷入非常悲惨的境地。美国并不想限制中国的发展，但中国在发展的时候要承担起国际上的责任。中国人要富裕起来可以，但中国领导人应该想出一个新模式，不要让地球无法承担"。他的担忧我们可以不去理会，他大概已经忘了当初美国黑人是怎么漂洋过海到新大陆定居的——强权世界本来就没有什么道理可讲，关键在于我们自己能否承受。

美国虽然声称不想限制中国的发展，但也并不打算让中国进入"富人圈"，更不是圣诞老人。特朗普当选总统便开始推行所谓"美国优先"政策，先是退出《巴黎气候协定》、伊朗核协议、联合国教科文组织、TPP谈判，继而几乎向全世界挑起贸易战，不仅向中国，还向他的盟友征收惩罚性关税，然而这些看似失去理性的、极端孤立主义的举动却隐藏着明显的企图，就像以前常在香港电影里出现的一句道白"你疯他都不会疯"！

就在各国纷纷提出反制措施，看上去贸易战狼烟四起时，美国与欧盟之间却出人意料地达成和解，2018年7月25日，也就是欧盟宣布向美国征收报复性关税不到两个月，欧盟轮值主席荣格前往美国与特朗普会面，美国宣布对欧盟的汽车进口的限制的提案被取消，欧盟也答应大量购买美国的能源与农产品，而且美国宣称将进一步推行美欧之间，甚至与日韩之间的零关税。我们可以看出这是在摆脱原有的多边机制，通过越来越多的双边谈判重新构筑有利于自己的国际新秩序。这样一来就可能在这些发达国家之间形成新的自由贸易圈，将中国排除在外，现有的WTO就会被架空，或沦为发展中国家之间的互助组织，世界秩序可能被重塑，中国在WTO框架内所享有的发展环境将随之改变。这当然只是特朗普所代表的美国利益集团的如意算盘，当眼前的庞然大物不好对付时就再约一群鬣狗一起围猎。

除了与中国，美国为什么老是跟俄罗斯、伊朗、委内瑞拉以及朝鲜"过不去"？因为朝鲜半岛一旦生乱就会殃及中国，从而干扰我们的现代化进程，而其他三个都是石油资源大国，分别拥有世界资源总储量的4.08%、9.31%、14.35%（2018年），而伊朗与俄罗斯天然气储量也分别位居前两位，占世界的18%、16%。在世界石油储量排名前十的国家中（注意，其中也包括利比亚与伊拉克），除了中国，好像只有这三个不太听话，即使委内瑞拉每年将80%的出口原油供给美国，对方还是不依不饶。一旦控制了他们就控制了世界经济的命脉，自然会卡住我们的脖子，那是我们明显的软肋。我们当然不会坐以待毙，世界不会按照某些人一厢情愿的设计来发展，鬣狗也未必都愿意跟着狮子冒险，况且庞然大物已经长出锋利的牙齿，狮子只会受点儿伤，而鬣狗可能丢掉性命，更糟的是一旦狮子明白斗不过对手而最终只会两败俱伤时，也可能与对手达成和解抛弃这些鬣狗，或干脆联手吃掉这些倒霉的家伙。但我们必须适应外部环境的变化来调整自身的结构进行积极应对，否则会像足球比赛一样，猎手往往很有耐心——那是掠夺者的本性，一旦出现空挡或明显的失误，会遭到致命攻击或被淘汰出局，将对手打回原形。他们的目标不是消灭而是拥有更多吃苦耐劳又听话的长工，还会堂而皇之地说这是一种宿命，而且早有研究表明中国会遭遇"中等收入陷阱"。

国际环境像大海一样充满生机，时而阳光普照，时而惊涛骇浪，又像非洲草原危机四伏，我们既不能躲避也不能掉以轻心，既要审时度势扬帆远航，也需要坚实的陆地和安全的港湾，既要改造环境也要适应环境。我们在多大程度上融入世界经济、占据什么位置，在地球村能争取到多少话语权，取决于许多外在因素，毕竟韬光养晦的日子已经过去。

一个村子里铁匠的生活往往和大多数村民相差无几，在他的作坊里马掌可能是高端产品，能卖上好价钱，不过只有几个有马匹的大户人家有需求，多数村民只需要钉耙、锄头之类的常用工具，如果他的日子比大多数人要好，就会有其他村民改行打铁，或者大户人家自己就会开一间作坊来分享他的市场，这是市场规律。如果家里人多，最好的办法是让自己也成为大户，再让其中的一两个儿子继续操持作坊，或者索性将作坊搬到镇上为更多的大户人家制作马掌。在全世界75亿人口中公认的发达国家和地区，包括葡萄牙、韩国、中国台湾等34个，人口大约在10亿人左右，中国作为世界工厂，除了要在这些"马掌"市场争取占有更多份额，还是要面对包括我们自己在内的其他65亿人口的大市场。也就是说我国14亿人口中，要争取更多人进入发达国家行列，只能先有一部分人或部分地区跻身其中，其他人仍然会在一定时期维持中等收入水平，两部分构成"中等—发达国家"可能是比较现实的目标。这一目标会反映在人口空间分布上，城镇化就不一定会像其他发达国家那样演化，至少不是全部。

第 三 章

剑走偏锋

技术进步首先会使越来越多的传统产业的从业人员下岗，也包括传统的第三产业。在我国科学技术快速发展与社会转型期，为降低失业率所做的种种努力可能只是杯水车薪，对此我们需要有一个清醒的认识，甚至坦然接受这一现实。其实这并没有违背追求技术进步的初衷，失业者理应得到合理的生活保障，只是难点在于如何甄别失业：在业与失业之间会出现越来越多的自由职业者、半失业者的不稳定状态，需要一种巧妙的制度安排。

　　现代服务业所提供的就业机会能否填补传统产业下岗形成的空白，一时还难以说清，不过有一点可以确定：低收入人群在得到一份保障性收入时会选择低成本的生活方式，不再依赖大城市，简单地说就是穷人会找便宜的地方去生活，使人们各得其所，从而使技术进步与制度创新首先以一种间接的方式化解城镇化困局。

技术进步的影响

所谓现代服务业——如果可以这样表示高科技时代的业态，可能不仅限于我们所能理解的第三产业，诸如金融、保险、教育、研发、文创、广告等等，甚至可能会让一些人感到"不务正业"。或许它并不直接创造财富，只是在降低社会运行与管理成本，我们也可称之为"消极产业"，比如像网络游戏或者是一种自给自足的生活方式。

有一家小工厂试着花了100多万元买了一台机器人，使用一年后得出结论：这台机器人的工作效率可替代20名工人，而且不请假、不旷工、不需要回家或午休午餐，不怕冷、不怕热、不会有工伤，不需要"五险一金"，更不会违规操作、罢工滋事。产业的转型升级在制造业领域所推进的自动化与智能化，会进一步加剧失业。工业革命将农民从土地上解放出来，智能制造又会再次将产业工人从劳作中解放出来，我们是否可以认为：既然从农业社会到工业社会城市化率可以从30%演变为70%以上，那么高度的信息化与智能化又会"解放"城市70%以上的人口。当工厂、矿山、码头像农田一样变成了无人作业区，甚至清洁工、快递员、餐厅服务员都由机器人替代，民政部门无须再使用失业率，而直接用"在岗率"即可，因为那时一、二产业人口加起来恐怕也不会超过20%。届时社会普遍认同大多数人在"生活"，少数人在"工作"，第三产业的业态究竟如何，能容纳多少就业岗位？有学者预计30年后有近70%的劳作型岗位将被机器人取代，这一点恐怕没有多少人怀疑。

高考是人生中的大事，如果成绩超过六百分能够上名牌大学，四五百分也能接受高等教育，上一所普通高校，而两三百分的成绩就没有什么基础可言。令人不解的是家长们似乎对孩子的教育始终不离不弃，他们宁愿多花一些钱去让孩子复读，或上那些自费的、并不划算的所谓"三本"，尽管他们对孩子的前程也不报太多的希望，而且几年下来是一笔不菲的开销，这样的教育投资看上去是收不回成本的。对此一名教师是这样解释的：家长们并非不知道孩子根本就学不进去，将他送进学校是想找一个能管束他的地方，免得流落到社会上和一些不三不四的人混在一起，而且还能养成有组织的正常生活节奏和行为规范。一些年轻的父母常会开玩笑说孩子不生病就是孝顺，仔细想想真不是笑话：成年人为年迈的父母洗衣做饭、端茶倒水固然是孝顺，而年幼的孩子如果不生病，健康活泼，会给父母省去多少麻烦，不也是一种孝顺吗？同样，一群少年正值血气方刚，如果无所事事整天东游西逛，会给社会带来多少麻烦？当社会生产力发展到不仅产品得到极大丰富，失业者比例会不断提高，我们不得不面对为这些无事可做的人"没事找事"的局面，就像是做一些免费的继续教育之类的事，只要生活过得充实，有事可做，能维护社会稳定，这些看似并不创造财富的产业就有了实际意义。

"犀利哥"是一名摄影师在街边购买相机试镜头时无意间抓拍的街头乞丐，传到网上，不料迅速走红。这一形象将当时年轻人所追求的装束与发型推向极致，有人称他为"乞丐王子""乞丐中的极品"，还有人将照片"P"成他们想象中的传奇英雄。当好奇的记者在宁波找到这位"王子"时，发现这个来自江西农村的打工者根本没有照片中的"酷"，这位名叫陈国荣的年轻人由于生活压力太大精神已接近崩溃。如果我们不能妥善安置这一群体，他们中的许多人可能真会变得非常"犀利"——铤而走险、打家劫舍，是精神崩溃的另一种表现，为此付出的维护社会稳定与公共安全的代价不亚于前者。

制度创新即鼓励竞争发挥人的潜能，也要提倡宽容，在社会形形色色的竞技场中总该有一些休息场地和替补队员，或者让那些一时找不到适合的比赛项目的人充当观众，过一种自给自足的生活，踏踏实实做一个市场经济之外的"无业游民"，才能让许多人放下包袱寻找新的机会，否则没有退路。既然这样，就必须为越来越多的实际下岗失业者提供必要的社会保障，其实这项工作早在 20 年前就开始了，只是在执行过程中问题多多。

关于"低保"

我国"低保"制度启动于 1997 年，当时国务院下发了《关于在全国建立城市居民最低生活保障制度的通知》（国发〔1997〕29 号），要求 2000 年之前在城镇建立城市居民最低生活保障制度，在工作取得突破后，2004 年全国许多省份开始进一步在农村推行这一政策，目前全国大部分地区，包括广大乡村基本实现了"低保"，使生活在底层的困难群众分享到了国家发展的成果。但在实施过程中也出现了一些问题，比如里面夹杂了不少"人情保""关系保"，甚至出现了网络戏称的"官保保"。

所谓低保，就是最低生活保障制度，是国家针对没有收入来源、失去劳动能力的困难群体给予一定的生活补助，使他们有一个最基本的生活保障。这项工作由政府各级民政部门具体负责实施，确保将这些救助资金能够公平、准确、及时地发到这些困难群众手里。这是一项耐心细致而又比较繁琐的工作，否则"会哭的孩子有奶吃"，谁也不是火眼金睛，有时也会被一些能哭能闹的人骗走，甚至一些"官宝宝"也会打起这些钱的主意。为了做到准确、公平，国家做了必要的程序性规定。按规定一个人要想得到低保，必须经过申请受理、调查评议、审核公示、审批等程序，得到低保后还要接受阶段性复查审核等，同时国家也有一套严格的财务审计制度，防止资金被私自挪用。这套程序是科学合理的，关键在于执行者是否能认真履行。

对于低保，原则上每个人都可以提出申请，但能否受理就不一定。假如一个叫王景华的人认为他的生活过得不好，朋友们都开着宝马、奔驰，自己却只能开个小吉利，他也有理由开着车去民政所提出申请，指着他的破车声泪俱下地诉说这辆车让他好没面子。工作人员显然认为他进错门了，也就是说不会受理，但如果他没有车，可能会允许他填表，得到受理；工作人员按照表中的地址和他所写的困难情况会到他家里走访调查，也就是按规定入户调查，回来后组织几个人对他和跟他编在一组的调查对象进行评议，参加评议的可能还有申请人所在村子里的干部；如果大家同意给王景华发低保，他的名字会出现在一个公示栏上，如果有邻居举报他是在撒谎，工作人员经过核实就会取消他的资格；如果没有，他会顺利进入下一个审批名单，这个名单会报送县民政局，民政局还要进行一些抽查，最后才能审批通过。但王景华开始每月领取"低保"后，事情还没完，工作人员还会每隔一段时间来他家看看，也就是复查审核，或者叫回访。如果发现他家还停放着一辆小汽车，就会立刻停止对他的"救助"，还要追回他已领取的那些钱。

我们为此要解决基层干部的素质问题。客观地说基层干部大多数都是好人，而且有情有义。想想看，如果一个人连自己的亲戚朋友都不管不顾，还谈什么爱心，而缺乏同情心就不适合从事这项工作。但国家毕竟财力有限，如果你问王景华为什么将"低保"给了张三而不是李四，两个人都很困难，他可能这样回答：张三吗？应该帮助。这个人我很了解，我们从小一起长大，命运对他很不公平，虽然有点儿懒可没什么坏心眼，快过年了，眼看家里揭不开锅，我不能不管，都是乡里相亲的，就算没有低保，我也会自己掏腰包；李四吗？虽然腿有点毛病，外出随便打点儿零工，不可能挣不到钱，谁知道他的情况是真是假，给他找点儿活儿干，总是挑三拣四，人家帮他都是应该的，从不知道帮别人。

把权力交给群众吗？也非万全之策。如果把救济款交给更底层的贫困户们，让他们自己去分配就以为万事大吉，可能大错特错。村子里的老百姓大多数是善良朴素的，但那些穷人往往是其中更弱势的群体，村干部更容易被人情世故左右，村子里不同姓氏、家族之间有时也会矛盾重重，而乡村社会关系又依赖或维系与这种宗族关系，就是说真正需要救助的贫困户可能得不到"大户"或多数人认同。古人云仓廪实而知礼节，衣食足而知荣辱，有时把分配权交给他们可能就像把一块肉抛给饥饿的狼群，内部的纷争怕是敢怒敢言又敢干，接下来可能就会面临解决各种纠纷的更大麻烦。因为乡村沿袭的传统宗族文化既有优秀的一面也有消极的成分，与现代文明不一定完全"兼容"，有时也会迟滞社会经济的良性发展。

加强监管吗？当然。只是因为基层编制有限，人手不够，如果张三不是好吃懒做，李四也没有残疾，怎么甄别王景华是在睁着眼睛说瞎话？李四或许确实经常出去，摆摊擦皮鞋能挣一些钱又回来装穷，骗取"低保"。一切都在王景华拿捏之中，如果不是为了中饱私囊，至少也是按自己的某种喜好或主观意识做出判断，难免有失公允，甚至成为"官保保"。要是像打篮球一样采取人盯人防守，将会付出怎样的代价：公安系统为了追捕一名逃犯会调动一大堆警力，一群人围着一个人转。今后我们却要为准确发放低保，去跟踪一个贫困户，付出比"低保"高出数倍的代价。至于"发现一例查处一例"，实属不易。问题在于存在一例未必就能发现一例，监督检查当然要常抓不懈，"官保保"虽是个别现象，但影响的确恶劣，恐怕我们也只能尽力而为。

不过随着国家经济进一步发展，王景华手上也有了富裕的名额，或许不再计较李四的人品，公事公办地给他一份应得的"低保"。找借口好吃懒做的人只是极少数，虽然令人不齿，但大体上我们好像也只能"忽略不计"。这本来是国家对底层困难群众的关怀与实实在在的救助，却因为没能找到更好的办法让一些"末梢"的"虱子"钻了空子，对此我们也不能过于责备求全，因为时代发展确实太快，新的问题在不断出现，要做到绝对精准不太现实，它就像是网络覆盖而非围墙隔离，疏漏在所难免。这恐怕是一个世界级的难题，因为即使在日本这样管理细致的国家，也会发现一些百岁幽灵，他们的子女"秘不发丧"，继续领取已过世多年的爸爸的津贴，而在美国这样"财大气粗"的国家才有可能睁一眼闭一眼，社会救助机构给那些流浪汉安排公益岗位时，一些流浪汉也会找各种借口推三阻四，继续领取救济金。

但这都不是我们要讨论问题的关键。我们实行了 20 多年的"低保"，针对的只是小部分贫困人口，出现这样的问题，至少说明目前对于社会救助的制度设计很难应付未来社会的发展需要。几乎就在"口袋婆婆"在央视新闻频道播出的同一时间，新闻联播也报道了上海洋山港码头四期项目开港试运营。这是全球最大的自动化无人码头，大家对此类新闻已经习以为常，在这样大背景下人们似乎更加关注前者，这与我们未来的生活有某种联系。无人码头的运营让码头工人全面下岗，就像拖拉机将农民晾在一边，是显而易见的，大家可以收起背包到办公室拿一张证明去有关部门做一个登记，表明可以领取失业救济金或低保。但是未来人们的下岗失业却不那么容易辨识清楚，很难有一个明确的界定，就像王景华所述，李四摆摊擦鞋，顾客时有时无，我们参照什么标准，该不该救助？就拿目前建筑勘察设计行业来说，许多设计师创办自己的事务所，或者 SOHO——在家办公，他或者直接面对客户，或者接受其他机构大项目中的一个分项，收入是不稳定的，没有项目就处在失业状态。那些城市中的"蚁族"，落不了户的农民工都感到朝不保夕，而且技术进步是以一种加速度发展，如果工作可以分摊一些，一个人每天工作的时间有现在的一半可能就算幸运。总之，未来的失业状况可能是普遍的，类型也是多样的，不一定体现在人口数量上，可能表现为不稳定的工作时间上，有人或许每周只工作几个小时，朝九晚五的满负荷工作与全失业会处在橄榄球的两端。未来大量新的失业类型的边界更加漫长、模糊，这就需要我们多动脑筋，除了两眼向前，必须考虑在后脑勺凿出个洞来。

就在酝酿、出台城镇"低保"政策同一时期，经济学家吴敬琏提出"全民低保"，就是应该将农村贫困人口也纳入"低保"范围。现在看来天经地义，但当时却引发了热议。争论的交点无非是两个，一是地方财政是否能负担得起；二是与城镇失业相比，农民有基本的生产资料——土地，只要愿意劳动应该有生活保障。至于无劳动能力的特困户，也有相应的政策给予一定救助。但"全民低保"的概念突破了对于救助对象的某种局限，不仅有助于消除城乡二元结构，为城镇化发展提供了便利，更是一种创新，其背后所隐藏的潜在价值我们似乎还没有察觉。如果将这一理念做进一步延伸，可能会有新的发现。

游泳池的处理方式

有这样一件事：在某城市的一个大型体育场馆主体工程完工后，开始进行室外景观工程建设，包括铺装、绿化和一个室外游泳池。工程技术人员发现游泳池的位置有一半是坐落在一个大坑上，整座钢筋混凝土泳池和水加起来有几千吨荷载。如果用土把坑填起来，即便将回填土夯实，泳池底板下整个地基土的压缩变形量还是存在偏差，由于两侧不均匀沉降，哪怕相差几厘米，底板中部都有可能出现裂缝，漏水。办法也不是没有，比如可以做沉降缝，但泳池的整体外观感会受到影响；也可以将回填土和原土通过实验室检测、分析后，做一个虚土部分的回填加固方案，加一定比例的石灰或水泥，再加水，进行分层碾压，或者做一些桩基等。不过这样一来似乎有些小题大做，毕竟这只是一项简单的室外工程，额外技术措施既麻烦也很费钱。技术人员请教了一名经验丰富的建筑师，建筑师告诉他一个简单的办法轻易地解决了这个问题：将泳池另一半也同样挖成坑，与现在的坑连成整体，再将挖出的土一层一层均匀地填回去，这样，整体的均匀沉降就不会出现断裂。绝妙的主意。

企业在员工收入分配上普遍采用基本工资加绩效工资的方式，以保证员工既能安心上班也能积极作为。基本工资相当于买断了员工的工作时间，只要按时上班就可以有一份基本收入，绩效工资则是对员工工作成效的奖励，至于企业工作安排是否合理，不是员工的问题。如果将国家看作一个超大型企业，在失业，尤其是半失业人口不断增加，很难分清工作与失业之间界限的时候，在社会保障方面，我们就应该采取这种方式，即：不再局限于失业群体或失去劳动力的困难群体，而是做到真正的低保全覆盖，覆盖到中华人民共和国全体公民，无论他或她有无工作，都有一份基本保障，也就是说应该将"低保"改为"基保"。如果需要什么理论支撑，那就是以生产力发展为基础的全民所有制，这就好比外出狩猎：不需要像从前一样动员全村的人拿着刀叉棍棒去追赶羚羊，有了越野车和狙击步枪、望远镜，只要两三个人就可以了。如果一时争取不到猎人的财富与荣耀，不妨安心领取属于自己的一份口粮，那是应得的，因为在原野上奔跑的羚羊，还有越野车、猎枪与望远镜是属于大家的，是典型的"多劳多得，按需分配"原则。

宪法明确我国实行社会主义公有制。国家资源，包括名山大川、文物古迹、江河湖泊、森林沼泽、煤矿油田、铁路机场、港口码头等，甚至还有大熊猫，无论对于乞丐、农民、蚁族、上班族、政府官员还是上市公司董事长，只要是国家公民，都应该人人有份，人们有工作的权利，也有分享公共资源收益的权利。在技术进步的大潮中，实体经济的工作岗位减少是全社会"竞聘上岗"与资源优化的过程，也是基本权益转让的过程，不能只限定在困难人群，因此未来的"低保"不是救助，更不是施舍，而是每个公民的权利，可将其称为国民基本收入。每个人都应该有一张和身份证绑定的社保卡，或者身份证本身就自带社保功能，有一份固定收入，哪怕国家财力很有限，这部分收入还很低。马云和王健林应该也有一份。国家以这样的方式告知每一个人，无论贫穷还是富有，也无论能力大小，只要是国家公民就有不可剥夺的生存权。

这种全覆盖其实并不会额外增加社会负担，反而会减少麻烦。羊毛出在羊身上：假如全国统一标准定为600元，无论政府公务员还是企业员工，如果他的月收入是3 600元，企业或当地政府财政给他实发3 000元，只是一增一减，将他的收入分为两部分，一部分是全国统一无差别发放，另一部分是他为之工作的地方政府或企业承担，就像当年国税和地税分开，既然可以这么征收，当然也可以这么回馈。这样我们无须再为申请、核准、审批、监督等永远堵不完的漏洞去伤脑筋。接下来可能应该是税务部门顺带的事情了，而税收作为国家最重要的职能之一，已经有了上千年的工作经验，相比之下民政部门只是在发育之中。

好处不止于此。辞职是个艰难的决定，辞退员工对企业主也一样。通常情况下谁都不情愿辞退一名员工，除非是他事先联系好了下一个单位，否则生活无着落，习惯了工作的人不知怎么，而且也不愿意去申请失业救济，这不仅让人觉得颜面扫地，也会丧失起码的自信——就连"口袋婆婆"都不愿意接受施舍。本来换一份工作很正常，一个人一生换一两个行当或换换环境，不仅有新鲜感，能保持活力，正常的社会流动也会使全社会的人力资源配置不断优化，然而对失去生活来源的担忧使人们不得不谨慎抉择、小心翼翼，甚至忍气吞声，处在失业状态时为了急于找到一份工作，做出的决定又往往是仓促的，再往后可能进入一种恶性循环。很少有人处变不惊地赋闲在家，给自己一段时间好好思考一下；

没有基本保障的社会缺乏流动性，容易形成社会阶层的固化。我们可以明显感到越是老少边穷地区社会关系越是错综复杂变得"老化"，人才不断流失会进一步加剧这里的贫困，被"沉淀"越久，人脉关系有时也会成为沉重的历史负担，形成恶性循环。而与此相对应的人才流入地、新兴城市却显得生机勃勃；

缺乏流动性也容易造成企业间的恶性竞争，不利于行业的发展。就以当前勘察设计市场的招投标来说，项目常常没有标的，而且低价中标，看上去也算公平，中标单位为了生存也很无奈，条件一降再降，否则没有饭吃。低质低价，技术创新无从谈起。如果每人都有基本保障，他们就有一些底气坚持原则，反而能设计出高质量的作品，形成具有竞争力的高素质团队；

那些在大街上经常让我们感到纠结的乞丐——人们都有恻隐之心但无法辨别真伪，当这一行当演变成一种职业时，他们会包装，有行乞的服装和道具，和演艺界、商业运作有异曲同工之妙。此时，人们拒绝给予施舍不是因为吝啬，而是不愿意当傻瓜。未来这种最古老的职业会被街头艺术所替代，他们获得报酬的方式不再是利用人的怜悯，而是给人带来快乐；

还有那些让法院执行庭头疼的"老赖"。法院可以冻结他基本保障以外所有的财产，包括他现在的居所，因为目前法律规定可以保留他的最后一套住房，他也可以打工的名义不断"挣钱"。如果他只有一张保障卡，阻断所有其他收入来源，他就不可能有太多选择，可能就会老老实实地还债；

生存有风险，消费需谨慎。美国人零储蓄，透支消费，而中国人储蓄率在50%以上，甚至买第二套房作为资产储备。经济学家告诉我们应该鼓励消费，拉动内需。只有傻瓜才不愿意享受，中国人又不是天生喜欢存钱，但也明白"家里有粮心中不慌"的道理，谁也不想把钱带进坟墓：子女如果有出息，钱留给他没用；否则留给败家子更没用。有了基本保障，消费支出自然就会增加，人们也就不再过多地顾忌资产会缩水而买第二套房来保值增值，也就不会出现房产的疯狂炒作。

但影响面最广的是农业人口的转移。农民手中的土地是他们生存的底线，有了基本保障，土地流转才会解除后顾之忧，而且在土地交易中也有一些底气卖个好价钱。如果实行全社会无差别基本保障，社会管理就会摆脱事事被动的局面，流动性就会增加，甚至退休金制度也会跟着改变，不会硬性划定退休年龄，人们在某种程度上就不会只为活着而工作，多少可以谈谈理想。想想现实世界中有多少人为了生存不得不放弃心中的梦想而整天疲于奔命，直到匆忙走完一生，临近终点带着许多遗憾。假如这是人们不得不面对的客观现实（因为毕竟社会生产力没有发达到能够满足所有人的需求），那么将来，甚至当下由于产能过剩、人口过剩，或许我们可以创造一些条件。当然了，就目前来看这种条件是微不足道的，但这至少给人们一线希望。

定什么样的标准呢？当然取决于国家财力和人的基本需求。据悉上海标准每月大约 800 元，全国最高水平，甘肃、贵州农村约 200 元，最低。2016 年全国人均 GDP 5.4 万元，定在 400~600 元应该不难吧。当然，这还需要调查研究，像"犀利哥"每月至少可以买一袋面粉、一壶清油、一堆萝卜白菜、一条肥皂，一年有两套换洗的衣服等，还有一部便宜的手机可以上网、微信与亲友保持联系，总之，我们已经看不出他原来是个叫花子，说话也会变得有礼貌，有时还很热情，两只眼睛亮晶晶，会说"你好"！

更为重要的是，在研究制定一个基本标准后——这不难做到，围绕这条基准线上下进行浮动，是一种撬动社会活力的杠杆，就像所谓金融杠杆。假定一个年轻人每月收入为 6 000 元，突然有 3 000 元来自基本保障，他很有可能为了个人喜好、消遣而放弃现有的工作，或者至少找个借口打算去河边钓鱼。如果基本收入降至 1 000 元，或许还可以咬牙坚持继续待在河边，不过这时候已经显得很勉强了，假如再降至 500 元，看到以前的伙伴仍然喝着啤酒，身边还出现了漂亮的女朋友，他的忍耐可能到了极限，会扔掉手中的破鱼竿，像那个家伙一样拨打一个招聘号码，打算明天就去上班。

生存压力也是动力，需要一种度的把握，过高的福利使社会缺乏竞争力，出现用工荒，过低又会引发社会问题，从而增加社会管理成本。福利机构会根据社会整体就业状况和岗位需求对基本保障的标准进行动态调整，这或许是未来的一种宏观经济调控的有效方式。

虚实之间

大约是在十几年前，石家庄市某法院接到一纸诉状，一个情绪激动的年轻人要起诉一家网络游戏商，要求赔偿损失，这些损失好像包括两个毒气罐、几副铠甲、一个急救箱、一些手雷，还有一只能够发射枪榴弹的自动步枪等，价值总计4千多元人民币，原告声称要么赔钱，要么如数归还这些装备。当然了，这些只不过是网络游戏中的虚拟装备，当下的年轻人即便不是玩家也知道是怎么回事，但对当时真实世界的法官来说无疑像见到了一只三条腿的鸡。如今中国已成为全球最大的网络游戏市场，年交易量包括数字产品交易额超万亿元，占据全球交易量的80%。据新华网报道，2017年11月16日，中国网络游戏投诉平台正式上线。

也就在石家庄法官感到无所适从的同一时期，一位名叫陶宏开的华中师范大学特聘教授却因"挽救"了许多沉迷于网络的青少年而声名鹊起，2007年被中宣部评为中国思想政治工作年度贡献人物之一。像许多新生事物一样，网络游戏刚出现时免不了引起人们的忧虑与恐慌，关键时刻能帮助误入歧途的少年戒除"网瘾"的高人，就像帮人戒除毒瘾，自然成了家长心目中的救星。如今陶教授已淡出人们的视线，"网游"也没像他宣称的那么可怕，毕竟这不是毒品，一些业已步入中年的玩家依然在工作之余，甚至在办公室的工作间隙，在屏幕上"闯关、升级"，或告诉别人他要去参与"打群架"，他们有相当一部分时间生活在虚拟的世界里，成为现实生活中不可或缺的部分，就像从前的文学爱好者整天抱着一本名著游荡在另一个世界。

　　石家庄愤怒的少年要求赔偿他丢失的毒气罐，无意中将虚拟世界与现实世界进行了对接，遗憾的是即便法官拿着"浆糊和刷子"也不知道把封条往哪儿贴，而中国空军的第一支无人机部队却成功地做到了这一点。李浩是一名有着 30 年驾龄、飞过多种机型的战斗机飞行员，退役前做出了对他来说人生中的重大抉择：参与组建第一支中国无人机部队，凭借丰富的经验，能够感知飞行器在空中各种气流状态下做出的反应，成为首席飞行员，为"军迷"们所熟知。我们在电视节目看到野战环境中几名"飞行员"坐在一辆封闭的车厢里面对屏幕，对无人机进行操控，与电脑或网络游戏没有多大区别，但飞行器和它的环境却是真实的，需要李浩这样的人将两个世界对接起来。支撑这个虚拟世界的是以计算机——数字技术为基础的互联网与大数据，最终将以智能化的方式来影响和改变我们的生活。正如 30 年前阿尔温·托夫勒在他的《第三次浪潮》中已经做了先知一样的预言，这本书的名称也成了这个时代的代名词，企业家和政客们按照他的指点做了各种准备来迎接这个了不起的时代，只不过这套理论模板当时在美国制作，其他国家不可能拿来直接套用，总是需要矫正一下或者将其拆开重新组装，或者只是借鉴其制作灵感，干脆另起炉灶。即便如此，我们在重读这部书时仍然能够感受到它的魅力。

　　游戏只是开端，虚拟世界不可能一直平行、也不可能替代真实的世界，而是会出现一些交叉点，为人们提供了另一种选择，或多了一种空间形式。人们可以拿着拉杆箱，订一张机票到巴黎参观罗浮宫，也可以带着 VR 游览张家界、九寨沟，不在田间就可以驾驶联合收割机，甚至可以在地球的另一端操作无人码头的龙门吊。进入大数据时代会使大部分人处在"虚实"之间，工作中盯着一块屏幕策划和操纵着实体空间的运行，在娱乐消遣中更是如此，远程操控的数据中心对区位的要求不再显得重要，工作地点也不再局限在某地。虚拟空间的出现对实体空间的影响也将是深远的，由于传统的交通工具与交通量要完成的任务被大量的视频通话、监控和数据传输所替代，人们的作息时间、工作地点与生活方式会呈现多元化趋势，对实体空间的使用要求也就不尽相同，传统的城乡空间格局势必受到冲击。

一个人想要生活变得好一些无非两种途径：一是开源，二是节流。所谓开源就是寻求上升空间，要么继续求学深造，获得更高的学历，勤奋工作，从一名普通员工晋升为业务主管、部门领导、经理、总经理，创办自己的企业，得到更多的财富等。为此必须起早贪黑，做调研查资料，换一身高档西装，彬彬有礼不苟言笑，步步攀升；节流可以理解为寻求"下行空间"，节省不必要的开支，以达到"节能增效"的目的。对于低收入群体，尤其是只有基本保障的人，解决温饱是首要问题，例如在几项基本的生活支出中，要想吃得好一些，居住条件可能就会差一些，想要温暖舒适，最好的办法就是迁徙，搬到气候条件比较适宜的地方以节约生火取暖的费用。对于养老群体尤其如此，节省的费用可以去旅游，而一些不需要依赖特殊区位的产业也是如此，一些低碳、低成本的可供人们生活居住地区会成为未来发展的新的、另类的增长极。

时代发展与技术进步对人口的空间分布以及人的生活方式不一定总是单一方向的影响，比如在城市化进程中出现的逆城市化现象。在市场经济占优势，计划经济仍然会起调控作用时，会不会再次出现一种原始却又是升级版的自给自足的自然经济？随之而来的空间演化也可能是反向或多方向的，人们生活、工作的节奏会越来越快，压力越来越大，但也会出现一部分越来越慢的情况。马拉松比赛的队伍总是拉得很长，有人不顾一切向前奔跑，有人只是享受比赛的过程，也有人选择中途放弃，甚至有人只是当观众，比赛的组织者并不在意他们的选择，当地政府或赞助商希望能够引起更多关注。我们无须评判人的进取心，只是说未来社会，尤其是我国将出现大量富裕人口时，应当是包容和多样化的，在城镇化大潮中也不排除一部分城市人口返回乡村的逆流，总之一切皆有可能。

思维辨析

记得小时候猜过一条谜语：一个人牵着一只羊、一匹狼，还背着一颗大白菜，来到小河边准备渡河，河岸有一条独木舟，设定条件是他一次只能带一样东西过去，他怎么才能将这些东西带到对岸去。如果他把狼先带过去，留在岸上的羊会吃掉白菜；如果先带走白菜，狼会吃掉羊；如果先带羊，那么无论第二次带过去什么，好像都无法再返回对岸取回第三样东西。不过这个聪敏的家伙还是将三样东西都完整地带了过去，问他是怎么做到的？答案是他首先将羊运过对岸再回来取第二样东西，不管取什么，在他第二次返回的时候都要将羊随身带回来，并留在岸上带走第三样东西，最后再一次回来取走羊。许多人一时猜不到谜底是一种单向的惯性思维作祟。当我们接到命题，出于本能或潜意识认为三件东西只能向一个方向搬运，却没有想到可以把东西再搬回来，还可以重复运送一次。惯性思维往往凭借经验或形成一种惯例，使我们的思想变得僵化，陷入一种认识误区。

改革开放之前，无论招工、提干还是上学、当兵无一例外地会填写各种表格，人们已经习惯了表格中必不可少的内容，包括家庭出身、社会关系、政治面貌等，在以阶级斗争为纲的古怪年代，烦琐的政治审查成了天经地义的制度。在电视连续剧《历史转折中的邓小平》里有这样一个情节：1977 年国家决定恢复中断了 10 年的高考，在一次会议上，邓小平就教育部门起草的招生章程提出，考生报考的条件和相关的政治审查还是过于烦琐，应当再简化。当时有人想不明白，说这样一来好像就没有必要政审了，因为再简化下去除了监狱里关着的，大家都可以参加考试，邓小平两手一摊显得若无其事，说"就应该这样吗！"高考的本意就是要不拘一格选拔人才，给大家一个公平的机会。我们不得不钦佩老人家的朴素与超然，在他眼里那些所谓约定俗成的条条框框与繁文缛节会显得莫名其妙。这种朴素的智慧永远不会让人盲目跟风。

有一幅经常被收录在一些世界名画集中名为《春天》的油画，作者普拉斯托夫是前苏联一名地道的农民、画家。很难想象这幅画的创作年代是在 20 世纪中期，因为到了近现代，在绘画领域中，后期印象派、立体派、野兽派，文学中的意识流，演奏大厅里的"无声音乐会"等五花八门所谓现代抽象艺术成为西方艺术创作的主流，毕加索、梵高、雷诺阿等成为那一时期备受推崇的大师，而在此之前的写实作品已被安格尔、库尔贝、艾瓦佐夫斯基这样的古典大师们推向极致，再进行写实创作似乎很难有所建树。当年轻的普拉斯托夫从艺术学院毕业，在莫斯科见识了令人眼花缭乱的前卫艺术——就像我们如今在北京 798 艺术中心见到的情景，使他一度陷入迷茫，经过一番痛苦的思考，最终决定回到自己的家乡——伏尔加河畔的一个小村庄，坚定地走上了现实主义的创作道路，他所熟悉与热爱的乡村生活成为创作的源泉，在这里度过了充实的一生，留下了宝贵的艺术财富。

艺术的表现方式离不开所要表达的内容，就像瑞典科学院在授予肖洛霍夫的诺贝尔奖授奖词所说，《静静的顿河》艺术魅力也只能用这种传统的现实主义手法才能得以充分表达。无论艺术、科学技术，还是其他事物，有时我们往往被所谓先进、前卫、主流，甚至权威所迷惑，以至于失去应有的自信。记得曾有一篇文章讲述也是在前苏联，十月革命胜利不久，年轻的苏维埃共和国百废待兴，外交工作开始起步，列宁委派他的一位亲密战友作为驻伊朗的外交大使。此前这位工人阶级出生的布尔什维克可能没有什么外交工作经历或经验可言。当时的德黑兰应该是国际交往的一个重要的场所，各国外交使节云集。当他第一次出席外交晚宴时，被刻意安排在了一个非常显眼的位置，那些常年周旋在各种酒会宴会舞会，举止优雅的绅士与贵妇人们迫不及待地想看看这位"大老粗"外交官是怎么洋相百出的。当他落座时，面前呈现着各种型号的餐具，那是一整排像钢琴键盘一样，大、中、小号的刀、叉、勺。他明白这些餐具的使用一定是各有各的讲究，但对此却不甚了了。放在一般人面对这样的局面可能会显得有些张皇失措，他也知道此刻所有人都在暗暗注视着自己。但他毕竟不是一般人，虽然不懂那些繁琐的讲究却没有表现出丝毫慌张，在迅速判断了一下"形势"后，随即从这一排餐具中挑出一副适手的刀叉，然后将其余部分一把拢了起来，递给身边的侍者，淡定地说"这些都是多余的东西，请把它拿走"。这一小小的举动赢得了不少的赞叹，也成为外交轶事中一个值得称道的案例。

　　没有陷入尴尬的关键在于他没有"接招"，不去纠结如何使用这些餐具，而是索性抛开无解的命题，以一种超然自信按自己的方式去做。这里无非想阐明一些看似简单却经常被忽视的道理，就是我们经常挂在嘴边的思维方式或方法论。有时我们真该放下案头的工作出来透透气，让那些看似重要却毫无意义的问题见鬼去：我们给自己设定了太多的规矩和看似天经地义的所谓章法，就像孩子还未出生就定做了许多双大大小小的鞋子，足够穿到长大成人。但这些鞋未必合脚，除非希望他的脚是按照鞋子的形状、标准去长，硬塞进去，让脚变得中看不中用，甚至残废，更糟的是或许孩子生下来没有脚，甚至这个所谓的孩子根本就不存在，只是看到"未来的母亲"结婚后有呕吐反应，理所应当认为她已经怀孕，会生出一个长着两只脚的婴儿。

　　农业现代化使农民转移到城市工厂，工业技术的改造升级让人离开流水线转向第三产业，互联网、大数据与智能化又会使越来越多的传统服务业人口获得"解放"，人群似乎只朝一个方向不停地向前"拱"，到第三产业成了尽端，参照发达国家发展路径，我们想当然认为工业化——城镇化——后工业化——第三产业——甚至还可以到第四产业，是不二的选择。但是面对 14 亿人口的未来我们还是需要有一个客观的认识，因为在其他发达国家找不到相似的参照，国际环境和时间也对不上号。在生产力低下的时期，多数人劳作少数人坐享其成，我们称其为阶级社会的剥削，随着科学技术的发展，能源和机械不断替代体力劳动，将来可能只有一小部分具有专业知识和管理技能的人在工作、创造财富，从事"有积极意义"的产业，其他人主要是在生活。其实我们现在看看最忙的人不是从前的无产阶级，而是那些科学家、工程师、编剧、导演、CEO、企业主管、项目负责人和政府部门的负责人，他们整天绞尽脑汁，有时甚至可以说是呕心沥血。或许这就是未来的新常态，即脑力劳动、压力与责任是人们付出的主要形式。

沧海桑田，斗转星移，我们不排除未来多数人"剥削"少数人，穷人"剥削"富人。当温饱不再成为问题时，无论出于什么目的，总是有人或不断创造财富，或热衷于社会事业与公共管理并愿意为此付出代价，这些人构成了社会的主导力量，即所谓社会精英阶层。从农业产值占 GDP 的比重来看，我国真正需要的农业人口不会超过 1 亿人，未来 13 亿非农业人口不可避免地会产生一些分异，分层分级，有忙有闲，贫富差距也会客观存在，这也正是社会发展的动力。技术革命推动的社会体制也在不断进步，对于社会转型与价值的认知以及观念的转变不仅会让我们得到解脱，原先设想的产业与人口的聚集也会产生分异，不一定再继续向单一方向演化。

其实我们所做的一切规划、计划都是基于效益的最大化，具体来说就是资源优化，包括空间资源。由此而建立的社会秩序也会围绕这一主题，就好比金字塔或其他各种建筑，甚至是屋子里的桌椅板凳或容器，都是基于重力作用所建立的秩序：一座高楼基础不稳或墙柱梁板出现断裂，整幢楼就可能垮塌，木桶倾斜或底部有洞，水就会漏掉。但当宇航员进入太空，空间站里的东西不再受重力约束，地面建立的秩序、规则在这里失去了作用，连直立行走都做不到，我们习以为常的站立不如坐下，坐下不如躺下，端着的茶杯想要杯口朝上，因为失去了重力作用，这些最基本的秩序都不存在了，而"人往高处走，水往低处流"看上去天经地义，在这里反而显得莫名其妙。这里的三围坐标系中就没有上下、正负之分，没有什么东西会跌落或坍塌，这里需要应对的可能是物体之间的碰撞或分离、相对速度、运行轨迹等，是完全不同的规则。

追求技术进步的目的是提高生产力，将人们从劳作中解放出来没有违背进步的初衷，我们没有必要因为实现这一目标又和自己过不去，信誓旦旦在城市创造更多的就业机会，就像我们一边在上游开闸放水，一边又拼命在下游筑堤修坝。如果换一种思路，欣然接受越来越多的人离岗，将其视为一种常态，如果这些"多余的人"获得一份基本的生活保障，或许他们能找到属于自己的位置，可以衍生出另类的产业。当物质生产领域，甚至许多服务领域基本被一系列程序所控制的机械取代的时候，就像进入太空一样，我们为自己所编制的各种规划、计划，以及为此需要遵循的原则，制定的规范、依据与标准可能都会越来越显得不合时宜，未来究竟会形成什么样的秩序尚不清楚，但至少不应再将以往所谓成熟的经验和经典理论奉如神明。就目前与可预见的未来，问题是清楚的，那就是乡村人口不可逆转地减少与城镇化受阻以及将要面临的人口老龄化与能源短缺等，这些问题的集合以传统的逻辑或惯性思维方式怕是难以应付，我们以往所熟悉、认定城市或村庄的存在离不开资源条件与产业支撑的惯性思维会显得无所适从。

直接服务于人的教育和养老无疑将是现代服务业的两大支柱产业，如果教育是人的"生产"，养老就可以理解为"回收"，两个阶段同样重要，而后者规模的扩大意味着社会资源的消耗在不断降低，如果从全社会的增效节能角度看，这也是一种"产业"。科学技术的发展日益改变我们对社会价值的认同。就比如说人口老龄化，换一个角度看，对于中国也未必是一件糟糕的事，老人需要全面照顾也不过几年，科技进步会不断减轻这些工作的劳作强度，同时他们的社会阅历与工作经验作为社会财富也会得以释放。

头痛医头脚痛医脚是我们在碰到问题时一种本能的反映，如果这些问题一时找不到答案，不妨像那位明智的外交官一样先抛开这些问题，回到坐标原点。俗话说活人不能让尿憋死，一定是什么地方出了岔子。如果出现大量富裕人口，我们传统观念的产业支撑就不再是必要条件，而是需要拓展新的空间，这些空间只是作为人的生活聚居地，形成有别于以往的聚落，不再需要生产所必需的能源、原材料、港口码头等生产条件，这种新的空间需求与现在的城乡居民点会出现使用价值错位，选择的余地就会增加，此时我们更加关注的将是如何降低居住成本，尤其是能源与环境成本。因为城市在工业化之前的农耕时期就已经存在，从字面意义看它的基本作用无非是两个：一是用于军事防御的"城"，二是作为交易场所的"市"，工业社会虽然沿用这一名称，却已经被工业生产所主导，到后工业时代的信息化与智能化时期，人口聚居地与工业分离也就成了大势所趋。这种分离不只是工厂迁出，还有人口迁徙，但无论哪一种方式都将以人居环境最优为原则。

第 四 章

云贵高原兴起

要寻找良好的居住环境，降低生活成本，没有比云贵高原更适宜的地方：在我国建筑气候带的划分里，这里是唯一的温暖地区，冬季温暖而夏季凉爽，不需要采暖和空调，会节约大量能源，减少碳排放，而且这里植物繁茂、鸟语花香，是绿色低碳与可持续发展——生活的地区，尤其对于老年人来说是天然的康养胜地。

攀枝花的启示

2016 年 10 月，北京市西城区 40 名离退休干部到四川省攀枝花市的米易县观光考查，随后两地政府签署了协议，将米易县作为西城区的异地养老基地，这是 10 月攀枝花迎来的四批客人之一（新浪新闻）。

攀枝花市户籍人口有 110 多万人，据报道 2015 年过冬康养的外地老人就超过 13 万人次，旅游收入同比增长超过 20%，正在打造"中国康养胜地"。这主要得益于这里气候条件：年平均气温 19~21℃，最冷月的月平均气温也在 11℃以上，6 月为全年月平均气温最高的月份，在 26℃左右，光照充足，每年冬天吸引全国各地运动员在这里集训，被誉为冬训天堂，是全国首批"医养结合"试点城市。这样的气候在云贵高原并非攀枝花独有，攀枝花位于云贵高原北端，四川与云南省的交界处，只是高原的冰山一角，从地形图看，青藏高原像一只青蛙，黄土高原与云贵高原像是青蛙的两条腿，围合成了四川盆地。整个云贵高原气候特征呈垂直分布，大部分地区冬无严寒，夏无酷暑，例如"春城"昆明年平均气温在 15℃左右，最热时月平均气温 19℃左右，最冷时月平均气温 8℃左右；贵阳夏季平均温度为 23.2℃，在最热的 7 月下旬，平均气温只有 23.7℃，接近哈尔滨，人称"爽爽的贵阳"。

如果说黄土高原具有发展低碳住区的潜力，那么这里则是天然人居环境：在这里生活的居民，包括人们熟悉的丽江，很少生火取暖，也不用空调，建筑能耗不到全国平均水平的 30%，是理想的绿色居住地。

云贵高原范围包括贵州全省和云南东部，以及四川、湖北、广西壮族自治区等省区的边界地区，面积大约为 50 万平方千米，大部分为喀斯特地貌和森林，生态环境优越，高原耕地面积约 13.3 万平方千米，主要分布在山间小盆地，当地人称"坝子"的平地——耕地（图4-1），这些耕地保障了本地的粮食安全，不过全部用来种植粮食作物实在可惜。这里是名副其实的植物王国和度假天堂，在我们的想象中应

图4-1　云贵高原的"坝子"

该盛产普洱茶、鲜花、咖啡、花椒、中草药，以及上等烟叶，没有拖拉机和喷雾器，人们背着箩筐，手拿剪刀小心翼翼采摘每一串果实。我们可以从丽江古城爆满的游客量感受到人们的消费需求，与之相邻的束河古镇可以被视为丽江古镇的延伸，继续向北的白沙镇也有这种发展的趋势，而消费方式也会由观赏游览逐渐向居住、休闲过度。最初吸引外面的人们来这里的原因，是怡人气候和恬静的生活方式、古朴而自然的风貌。这些要素在其他村寨依然存在，人们对于著名景区的游览只是出于一时的新鲜好奇，而找到令人安心的居所才是一种长期稳定的需求。

竹子建筑

　　值得注意的是这里的竹子建筑。在云南西双版纳地区的傣族竹楼（图4-2）一直沿用至今。竹子作为房屋建筑材料的重要性在21世纪逐渐得到人们的关注。据计算，一亩竹林可以建造一所竹屋，如果用木

图4-2　傣族竹楼

材，则要砍伐近9亩地的森林，建造相同面积的建筑，竹子与混凝土的能耗比为1/8，钢材的1/50，如果技术处理得当，使用期限可达30年，而且竹子生长速度快，2~3年即可成材。

　　竹子又是天然可降解材料，就像木材、草等天然材料一样，在使用期结束后作为天然有机物进入生态循环，而不是建筑垃圾。我国南方是竹子的生长地，如果融入现代建筑工程技术，建造竹子建筑，可使这一地区建筑一直维持可再生的循环模式。

　　如何利用好竹子材料，对于当代建筑工艺与技术来说根本就不是难题。主体结构的梁板柱等框架体系可以采用钢筋混凝土或钢结构，可以发挥其耐久性、刚度、强度、稳定性等优势，其他维护与装饰构件则可以大量使用竹子材料，以发挥它们各自的优势，是现代工程技术与传统优势的完美结合。这些竹子材料可以在工厂进行标准化生产，加工成墙板、地板、门窗、屋面等通用构件和装配式建筑，都是便于替换的构件，也便于建筑的日常维护。在贵州类似的木结构装配式建筑，造价在每平方米2 000元左右，如果用竹子材料，估计建造成本不会超过每平方米1 000元，约为普通钢筋混凝土建筑的一半。

丽江客栈

相信到过丽江的人都对那里的小客栈留有深刻印象：不仅干净整洁、特色鲜明，而且价格便宜。由于客栈数量众多、竞争激烈，一个标准间有时只有 100 元，对于旅游者来说小住一两周丝毫没有负担，但要长期居住生活，价格就高的离谱，再说也没必要住在像大研古城这样闹哄哄的商圈，停留时间久了会让人透不过气来。

在城区外围的乡村，比如距大研古城 5 千米左右的白沙镇，白沙村，就有许多当地农民建起了与此相仿的客栈，这样的客栈价格不会太高。我们可以粗略地估算一下：如果一户村民就用竹子建筑建一个客栈，建筑每平方米单方造价 1 500 元，使用期限 20 年，每年每平方米使用成本为 75 元，一个床位，包括公摊以 40 平方米计，年使用成本为 3 000 元，平均月成本 250 元。一户村民如果建一个 500 平方米左右的两层客栈，留 100 平方米给自己住，100 平方米作为公共部分，包括厨房、洗衣间、公共餐厅、起居室等，其余 300 平方米有 10 个床位，构成大家庭式生活单元。这样，就建筑本身的消费价格看，如果一个床位每月 600 元，即每天 20 元，普通消费者是可以接受的。

围绕客栈的经济活动主要包括以下 3 个基本内容：

一是房地产。建筑是产品，设定使用周期 20 年，如果村民使用自有资金，将获得投资回报，在用于出租的 400 平方米的建筑中，总投资约 60 万元，按 10% 的投资回报，即房客租金 500 元，10 年收回成本，20 年资本翻倍；如果全部使用贷款，就要计入资金成本，如果贷款利率为 5%，使用周期内的租金收入将连本带息归还银行，建筑本身的投资实际成为银行的业务，村民只是从土地——宅基地获得收益。如果是一群房客自筹资金，每人出资 6 万元，再出一部分资金购买这宗土地 20 年的使用权，或者土地使用权在建设的 500 平方米中，将其中 100 平方米留给"地主"作为交换，这户村民获得了居所和服务平台。

二是农副产品生产供应。村民的农田可以用来种植瓜果蔬菜，或做一些养殖业，直接为房客提供产品，当然他也可以请种植专业户统一料理，自己只是去采摘，或者房客——实际业主，支付劳务和菜地租金，亲手去采摘。

三是养老服务。有了基本的消费群体，户主或"地主"就可以做一些像家务活一样的基本服务，假如他不喜欢做这些家务，只喜欢养猪或种烟叶，或在苗圃地种花，可以另外雇人，这些服务包括定期换洗衣物、床单和打扫卫生等——相当于宾馆的一系列服务。如果每位顾客支付 500 元，客栈服务的月基本收入为 5 000 元。假如每人每月伙食费在 1 000 元，房客上述三项的基本生活支出 2 000 元，当然，其中不包括购置床单被褥、家具家电、买衣服、吃零食等额外或需要自理消费，对于普通工薪阶层的退休者来说是可以接受的。

一个规模 500 平方米的两层客栈，用地面积大致也在 500 平方米左右，即一半房屋一半场地院落，包括服务人员在内，人均用地在 35 平方米左右。由客栈组成的村落需要配套建设道路、健身小广场、停车场、水塘、花园、超市、垃圾站、污水厂等公共设施，村落的规模以这些设施效率最大化和环境最佳为原则，建设用地标准应该在人均 120 平方米左右为佳。以这种客栈为基本单元的居住养老村落可能成为云贵高原的新型经济模式，不仅因为良好的户外环境，也省去了建筑采暖空调的大部分维护费用，是典型的绿色低碳、低成本住区。而对于村民一家，收入来源除了来自上述 3 项中的一部分或全部，还有国家统一发放的基本保障，月收入至少在 6 000 元以上，并且拥有自己的住房，实际上是从农业转向了服务业。只不过这里有一个还无法确定的，就是宅基地和税收问题。

上述推算并没有将这两个因素包含在内，如果宅基流转成本和营业税收上升，这些成本就会转嫁给消费者，生活成本就会上升，因此相应的土地流转和产业扶持政策需要配套。农村土地归农民集体所有，包括农田和宅基地，落实到人就是归农民个人所有，这些宅基地就应该可以抵押、转让并从事经营活动，如果在全国范围进行土地资源的优化配置，这里被占用的耕地可以在其他粮食主产区得到补偿，比如华北地区或河西走廊的一户村民同样拥有一块宅基地的指标，可以腾退为耕地，在这里得到一处，并且在流转过程中那些被严重浪费的农村建设用地会得到清理，如今铁路、高速公路和机场已经构成和全国一样发达的交通网络，这里已经不再是过去的茶马古道，基础条件日臻成熟，这样一来农村人口的转移就多了一个方向，和未来的养老产业有了联结。

回归自然

有个疑问：这里既然气候宜人，鸟语花香，是人们居住生活的度假天堂，为什么早期人类文明没有在这里出现，是什么原因迟滞了这里的文明进程？这些要素是否依然存在进而影响我们构想的聚落的可持续性？

人类在北半球比较集中在北回归线至北纬30°之间的温带地区，我国人口又以华北平原与长江中下游平原最为稠密，这里四季分明，雨量适中，从生态学角度看，其生态本底，即原有的自然生态系统功能不是很强大，生物多样性、丰富度、稳定性及补偿功能介于北部荒漠和南方热带雨林之间，容易孕育早期的农耕文明，而无论荒漠还是像非洲热带丛林以及亚马逊或西双版纳热带雨林对于人类生存，其条件都过于严苛。我们设想一下，当早期智人发现某种粮食种子适于耕种，就需要开垦出一片土地，当时的办法就是刀耕火种，而放火烧荒则必须是杂草枯黄，树木枝叶干枯，也就是植物到了季节性休眠，此时还要保证天不能下雨，当种子播下去后又需要一定降雨，能满足这些条件的只有北方典型的大陆性气候。另外就人本身的生理特征来看，自从掌握了对火的使用，人们开始吃熟食，生火取暖，披上了兽皮，浑身的毛逐渐褪去，也没有像海豹那样在皮下有一层肥厚的脂肪，即便我们当中有人长了，也好像抵御不了冬季的寒冷和夏天蚊虫叮咬，同时也失去天然免疫力，在这方面人没能和蟒蛇、大猩猩一同进化，而是越来越依赖我们自己创造的环境，这样的身体在热带丛林中是很难存活下来的，除了蟒蛇、蚂蚁、蚂蟥、蚊虫，还有各种细菌、病毒、瘴气。例如，抗日战争期间中国远征军败退野人山时，4万多军人在穿越胡康河谷后只有1万人从里面活着走了出来。而在北方的冬天，流感可以得到遏制，人们可以把被子、兽皮晾到外面，附着在上面的尘螨、跳蚤等寄生虫可以被冻死。

如今人们改造环境的能力已今非昔比，如果这里有什么值得关注的问题，或许是从外地来云南工作的人都有的一种感觉，就是这里的人们似乎比较懒散。当你到市场或一个商店想买一样东西时，会发现店主人漫不经心扫一眼他的货柜，毫无遗憾甚至还相当满意地告诉你这里没有你想要的东西，不再用心去找。虽然他态度很和气，喜欢和你聊一些无关紧要的事，但似乎不再费心去想帮你联系一下货源，去扩大他的客户群，捕捉新的商机，反倒是满足于和你聊天。

这种慵懒是有条件的。我们说一年之计在于春，是因为在中国的大部分地方四季分明，错过春耕就错过了播种季节，夏季除草，秋季收割，人们需要抓紧时间，只有起早贪黑才能做到家中有粮，人勤快一些日子过得就好一些。而在这里没有什么季节可言，好像是饿了随时可以从树上摘一个香蕉或挖一颗竹笋，果实一直都鲜活的挂在树上或长在地里，人们始终可以吃到新鲜的东西，不必费心去建粮仓或买冰箱，只要吃饱饭，年轻人就可以围着篝火唱山歌、找配偶。这样的社会环境感觉不到太大的生存危机，也就没有太强的竞争，似乎不太适合年轻人的发展，而对于退休老人来说这种氛围无疑就成了天堂，是生命的归宿，正如我们常在一些文学作品中看到这样的描述：当一个人的人生旅途到达终点时得到的感悟是，他的生命和路边的石头、花草树木没什么区别，一切都那么简单，在这种充满生机的环境里感悟生命。

退休并非什么也干不了，只是从原来的工作岗位退下来而已，并不只是需要别人照顾，他们有能力自己照顾自己，甚至也有能力能帮助别人。如果人的平均寿命在85岁，至少60~75岁不仅可以自理，也能做一些工作（邓小平第三次复出已经73岁），75~80岁能够半自理，能够自己穿衣、吃饭、洗澡，只是腿脚不那么灵便，真正卧床不起需要服侍也不过一两年。随着机器人的研发进展，充当老年人助手的日子也为期不远了，这种机器人不一定是那种仿真机器人，而可能是智能化程度越来越高的家用电器。当老人们感到传统养老方式不可持续时没有坐以待毙，而是自发地组织起来进行"抱团养老"，曲阜的老人更能明白这个道理——毕竟是圣人的故乡，这种举动就会可能产生自助型的养老机构。目前许多地方已经开始出现这样的自助群体。

临近退休的中年人聚在一起，一个绕不开的话题就是养老。在一次同学聚会上有人提议自己组织起来办一个自助型、会所式的养老院，因为大家经济条件还都过得去，采用 AA 制，雇几名员工也都能负担得起，是个不错的主意，一时大家都很兴奋，有人开始行动起来，但后来不了了之，因为他们发现在城市周边很难找到一处比较理想的、能够容纳几十号人的宅基地，即便有，价格也高的出奇，与其花这样高的代价，还不如老老实实地待在家里，将来听天由命就是。然而时隔几年当他们聚首于云南腾冲时，被这里的环境所吸引，他们有可能像北京西城区的 40 名离退休干部一样，选择在这里度过安详宁静的余生。

整个云贵高原能容纳多少这样的村落，或者说有多大容量呢？

在城市公园的设计规范中明确绿地率不得少于 70%，就是说通常情况下一个公园的人工构筑物，包括建筑、道路铺装的硬化部分不超过 30%，可以维系良好的生态系统。在云贵高原的 13.3 万平方千米的"坝子"中，如果规划 1/4 的土地作为村镇建设用地，包括现有的村镇，有 3.3 万平方千米，以人均建设用地 100 平方米计，理论上有近 3 亿人的居住规模。

其他 10 万平方千米坝子的种植结构也会发生变化：不再以常规的谷物类粮食生产为主，这些粮食生产应该由粮食主产区去承担，那些广阔的大平原适合高效率的现代化农业生产，毕竟这些粮食属季节性作物，生态效能远不及森林。而这里首先直接为居民提供新鲜的瓜果蔬菜和其他副食品，同时充分体现植物王国的特点，除了茂密的山林，在坝子的村落之间有着丰富的经济型植被群落，有茶园、果林，盛产各种鲜花、盆景，山林会有蟒蛇出没，猴子闹个不停，管理人员会经常得到通报，时刻监控野象踪迹并组织联防进行驱赶，房客有时会帮户主去摘香蕉，或四处寻找走失的孔雀……总之是鸟语花香、人与自然和谐相处的聚落，就像贵州苗寨（图4-3）。不过更为重要的是这种适宜的自然气候条件明显减少了对人工条件的依赖而具有更加可靠的稳定性与安全性。

图4-3　融入自然的贵州千户苗寨

现代城市的居住与生活条件、环境已经完全人工化了，比如一幢高层建筑，如果作为老年公寓，尽管有电梯、无障碍设计以及一系列防火规范与设施，包括防排烟、消火栓、紧急疏散等，但所有这一切基于我们首先制造了危险的高层建筑而后才是设法尽力弥补，将可能发生的灾害降低到最低限度而无法消除危险的根源，尤其对于老弱病残，紧急疏散还是十分困难。另外，一部机器或一个过程越复杂、环节越多，出现问题的可能性就越大，建筑的供排水、电力、燃气、通风空调等等出现问题不仅对于普通人，对于行动不便的老人来说都将是不小的麻烦，摆脱这些人工环境与条件自然就摆脱了不必要的麻烦，我们倡导回归自然或可持续发展就是降低对人工环境的过度依赖。

再说西部大开发

中国实施西部大开发战略就是要开荒，依托亚欧大陆桥、长江水道、西南出海通道等交通干线，发挥中心城市作用，以线串点，以点带面，逐步形成我国西部有特色的西陇海兰新线、长江上游、南（宁）贵（阳）昆（明）等跨行政区域的经济带，带动其他地区发展，有步骤、有重点地推进西部大开发。

中国西部大开发区域图西部大开发的范围包括重庆、四川、贵州、云南、西藏自治区（全书简称西藏）、陕西、甘肃、青海、宁夏回族自治区（全书简称宁夏）、新疆维吾尔自治区（全书简称新疆）、内蒙古自治区（全书简称内蒙古）、广西壮族自治区（全书简称广西）等 12 个省、自治区、直辖市，面积为 685 万平方千米，占全国的 71.4%。2013 年年末人口 3.6637 亿人，占全国的 26.92%。2013 年，国内生产总值126 002.78亿元，占全国的 22.15%。西部地区自然资源丰富，市场潜力大，战略位置重要。但由于自然、历史、社会等原因，西部地区经济发展相对落后，人均国内生产总值仅相当于全国平均水平的 2/3，不到东部地区平均水平的 40%，迫切需要加快改革开放和现代化建设步伐。

……

2006 年 12 月 8 日，国务院常务会议审议并原则通过《西部大开发"十一五"规划》，总的战略目标是：经过几代人的艰苦奋斗，建成一个经济繁荣、社会进步、生活安定、民族团结、山川秀美、人民富裕的新西部。

......

实施西部大开发战略，加快中西部地区发展，充分发挥这些地区市场潜力大、自然资源丰富和劳动力成本低的比较优势，为加快全国经济结构调整和产业优化升级提供广阔的空间，为东部地区发展提供市场和能源、原材料支持，为东部地区的结构调整创造条件（《西部大开发战略》百度词条）。

在提出这一战略构想时，国务院曾委托中国科学院组织了一次针对这一战略的大规模、系统性资源与环境的基础研究，也是国家重点基础研究发展计划（973计划）重大专项研究之一。有30多名院士参与其中，目的是要摸清"家底"，为决策者提供可靠依据。这就是我们现在看到的、没有出现我们想象中的盲目大跃进，而是切实落实了科学发展观。除了在西部建设能源与原材料基地，完成了一系列西气东输、西电东送、青藏铁路等大型基础设施工程，进行了大规模退耕还林、还草等生态修复工程，同时也加强了医疗、教育的公共设施建设。相关统计资料显示尽管在此期间西部地区经济保持了11%以上的高增长率，但与东部地区差距仍未缩小，反而有继续扩大的趋势，甚至增长率指标反映的差距也在一个时期有所扩大。

我们可以理解西部大开发目的有两个：一是拓展新的发展空间。由于东西部发展不平衡，西部贫困地区人口就会不断向东部迁徙，尤其是年轻人"北漂"寻求发展，在东部地区空间资源日益紧缺的情况下又不得不向地广人稀的区域拓展；二是利用西部地区丰厚的资源，包括能源与原材料，进一步支撑东部地区经济发展。大开发的概念往往使我们联想到美国的西部开发，但我们实施的十几年的开发并没有向这一方向推进，将来也不会，因为这些辽阔的区域能够为人提供适宜的生存条件的地方并不是很多。如今西部大开发在人们的观念中好像已逐步被"一带一路"所取代。

　　不过我们不能因此认为这一战略已经成为过去。从某种意义上说它已经完成了一定阶段的历史使命，也达到了最初目的。如今西部能源与原材料正通过特高压输电线路、输气管道、发达的铁路与高速公路网源源不断输入东部，只是建设新西部感觉似乎有些时过境迁。

　　让西部地区人们的生活水平赶上东部发达地区，无非是两个途径：一是将资金与产业向西部转移，大力发展当地经济，也就是西部大开发战略所提出的建设新西部，让这里变得与东部一样发达；二是人口向东部迁徙，即扶贫搬迁。人往高处走，市场明显地选择了第二条途径，而决定现代经济发展的所有资源类型中最重要的资源又莫过于人。尽管国家采取了许多措施，包括资金、政策倾斜，大学毕业生到西部工作的各种鼓励政策等等，但人才还是不可逆转地自西向东流动，与资金、政策倾斜成了相反的方向，但与能源、原材料流动方向保持了一致，这恐怕也在预料之中。这一过程也有些像是城市发展的过程，如果我们将东部看作是一个超大城市，西部看作乡村，那么东部人口的聚集像是城市形成时人口与经济的聚集过程，当其"饱和度"达到一定程度就会向周边扩展。我们目前所经历的可能也正是这样一个过程，只不过这种扩展不是简单地走"回头路"，就如同一名大西北的年轻人在北京上学，毕业后并不直接回到家乡，而是在云南找到一份工作。

　　二十年前恐怕谁也想不到街头的职业扒手会销声匿迹，网络、电信诈骗如此猖獗，县级城市也会出现交通拥堵，在瞬息万变的时代无论提出什么样的战略设想都会留下时代的烙印。西部大开发构想可以追溯到20世纪60年代，毛泽东在"论十大关系"时就提出应逐步改变我国工业集中分布在东南沿海的不合理状况，除了平衡内陆地区发展，也是基于国防战略安全考虑，因为当时世界军事技术仍然以常规武器为主，内陆腹地有一定防御纵深，相对安全。但随着隐身远程轰炸机、卫星制导的巡航导弹出现，再加上空天一体化的网络战、信息战，这种地面的防御纵深，甚至藏在深山老林里的"三线建设"都已经失去意义，反而给自己带来不便。另外，随着改革开放，沿海地区成了对外经济的窗口与前沿地带，而出口导向政策使其经济地位又重新得以确立。科学技术的发展与国际局势的变化无时无刻不在影响国家战略的调整，而当一些关键性技术获得突破，对社会生产力或生产方式产生划时代的影响时，或者当一个国家社会经济发展到某一阶段，对国际环境产生重大影响时，这种战略调整愈发显得必要。当年的西部大开发是我国工业化与城市化起步阶段对未来的构想，不可避免地设想——至少在多数人的想象中，在西部发展第二产业，实现工业化与城市化。但随着现代信息技术、智能制造、物联网的迅猛发展以及东部地区不断的产业升级，使十多年来在西部，尤其在新疆、甘肃这样过于边远的地区建立起的一些产业园区已经有些无所适从，其中大多数成了要被淘汰的落后或过剩产能，再加上西部地区脆弱的生态环境对发展的制约，我们不得不重新思考西部地区的发展定位。百度词条《西部大开发战略》对此也有一些说明：

认识

……

面对知识经济的严峻挑战，必须对西部一贯实施的资源导向战略重新审视，确立面向 21 世纪的新的跨越式发展战略。基本点要"以人为本"：要从以物为中心转向以人为中心，全面提高人的政治、思想、文化、科技素质；从单纯经济增长转向全面促进人类社会发展；从增强本地经济实力转向提高城乡居民人均收入和生活质量；从资源导向型转变为市场导向型，走出一条市场与知识为主体的可持续发展的西部开发模式。这是在全面启动和实施西部大开发战略时，必须予以特别关注的重大问题。

这段话其实回应了人们对西部大开发提出的某些疑惑，因为网上有人戏称其为"西部大开挖"。只不过这样的解释除非是一些专业的理论工作者，对于普通人来说有些云里雾里，也难免会产生这样的疑惑：既然资源是西部的优势，东部对此有大量需求，又要从资源导向性转变为市场导向型，那么什么才是西部的市场导向型？没有经济增长作为基础，提高城乡居民人均收入和生活质量从何谈起？缺乏物质基础，又如何全面提高人的政治、思想、文化、科技素质，促进人类社会发展？至于说走出一条市场与知识为主体的可持续发展的西部开发模式，这两样恰恰又是西部地区的短板。这段话的本意本来不复杂，就是要正确认识这一战略，而不是以我们传统概念去套用这一地区的社会经济发展，但还是过于抽象。

尽管使用同一种语言，但要准确领会一种宏观战略意图也并不容易。我们常在一些电影中看到，一艘船的船长或大副给水手的指令是清晰、简单而明确的，如"左满舵""航速14节""抛锚"等等，执行起来非常容易。但实施国家某种战略就没那么简单，接受指示的人需要解读、思考一番，这种解读与思考就会因为地区、时间和人的不同而出现偏差，大家对总的目标是清楚的，但越往下一个层级，分项目标产生分异可能就会越大。

客观地说西部大开发十多年的大规模基础设施建设和生态修复工程总体来讲是谨慎而务实的，如果说有些地方政府盲目地建设了一些如今基本上被放弃的开发区、工业园区或其他诸如此类的园区，背后的原因比较复杂。比方说：当时地方政府与投资商对这里的未来似乎都充满了期待，前者将经济建设作为一项重要的政治任务，招商引资也成了政绩考核的关键指标，商家和政府是为了不同的"分项目标"走到一起来的。当一个地区或某一个县，跟其他兄弟县市一样开始规划一个所谓园区，就会不遗余力地招商引资、筑巢引凤，有时为了完成指标，对于后者提出的任何条件几乎都是尽可能予以满足，有时好像可以听到他们暗自嘀咕"先把他们招进来再说"，看起来大有关起门来打狗，堵住笼子抓鸡之势。而对方也不是等闲之辈，一些投机商也会将计就计，毫不犹豫夸下海口，声称可以投资几亿元甚至几十亿元，也大有一掷千金之态，他们的信条则是"先把地拿下来再说"，接下来无非是编造虚假的项目套取银行贷款罢了。在双方微妙博弈的阵营里确实大都是做实事的，也有投机者，虽然后者是少数，但在这种鱼龙混杂的市场里有时很难辨别真伪。有时一只老鼠坏一锅汤，往往失去互信的基础，都会谨慎起来，或者采取观望态度。投资人抱怨政府原先承诺的发电厂、自来水厂、垃圾处理场没有建成，而政府责怪企业资金没有到位，有时真正想做事的企业却被"套"在这里欲罢不能。这里的是是非非一时难以说清，但有一点是清楚的，那就是出现一些不可避免的"偏差"是我们一直没有摆脱国家一经出台某个鼓励政策，各地政府会一哄而上，不是根据自身条件冷静做到有所为有所不为，对于后者，有些人就会顾虑其政治前途，认为存在一定的风险，而用行政方式发展经济又成了风险中的风险。

真正的原因恐怕是每一位参与者对政策的理解，甚至包括政策的制定者，目的和出发点都是不同的：地方官员要业绩，投机商想要"抢地盘"、攫取廉价的土地资源，银行急于为资金找出路，项目的可行性研究有时纯属一厢情愿走过场，一些不着边际的建设条件和市场预期被任意杜撰、夸大。迄今为止在所有的地区发改委恐怕找不到一份可行性研究报告的最终结论是该项目不可行的，个别项目开工建设就几乎是空中楼阁。假如这些都不是一些人有意为之，至少说明他们对西部大开发陷入了一个明显的误区。那就是：它是国家经济发展的一种策略，不是当年的大跃进，更不是一场运动，而且在这一过程中需要遵循客观的市场规律，让这只看不见的手来发挥作用，而且市场也已给出了答案。有些决策者声称在这里进行高起点建设，几乎千篇一律地说要差异化发展，大力发展现代装备制造业或战略性新兴产业，有时也只是跟风赶时髦而已。

但西部大开发是否从此淡出人们的视线？那倒未必。

一个凡人给师傅当学徒，听到脾气暴躁的师傅连说三声"滚"，可能会知趣地离开，但换作一只聪明的石猴可能会做另一番解读，他会琢磨师傅或许打算半夜三更单独召见他。如果说西部大开发已经基本完成了初期的使命，建立了将西部资源向东部的运输通道，那么另一项任务就是为东部，或者说是国家经济发展提供新的空间，也可以称之为开荒。这就不能仅限于西部，但此时的空间拓展就需要重新思考和定位向什么方向，这些空间用于怎样的开发？只要肯动脑筋，凡人也会变成孙悟空。

说到这里不得不提一提东北老工业基地振兴问题。这是当时和西部大开发同时期的战略，无论开发还是振兴，其实两者都是在解决整个国家地区间发展不平衡问题，也可以看作经济空间拓展。如果说前者实现了一定的目标，而后者则是不可逆转地在衰退。东北曾被誉为中国工业的摇篮，这里雄厚的工业基础主要得益于两个原因：一是民国初期国内军阀混战，时局动荡，而张作霖偏于一隅相对稳定，得以长期经营，打下一定基础，二是日俄战争后日本获得了沙俄在东北的权益，出于吞并中国的野心而有计划地开始对东北地区渗透，以南满铁路为抓手的各种经济活动不断加强，到"九一八"占领东北全境，开始了全面的掠夺性经营，吸引了大量日本国内企业在东北开设工厂、矿山，甚至移民屯垦。经过近40年经营，到二战结束时，客观上给东北留下了发达的工业基础设施，更重要的是形成了一批中国自己的产业、技术工人。

新中国成立后为了支援国家全面建设，这里的技术、人才不断流入关内，到了改革开放，东南沿海地区成了国家经济前沿，而过去东北偏于一隅的区位优势已变为劣势，资源逐渐枯竭，市场经济进一步加速人才流出，东北的衰落也就成了大势所趋。除了交通运输成本，无论生产还是生活，漫长而寒冷的冬季会消耗大量的能源，不管是面对海外还是内地市场，似乎都没有什么太多成本优势可言，因此振兴东北必须从另一个视角，或者从国土空间的资源优化加以考虑。与其发展高成本的制造业不如顺势而为，进一步将高素质的东北人转移到关内，降低人口数量，让辽阔、富饶的松辽平原、大小兴安岭、长白山保持良好的生态环境，使这里的黑土地成为重要的优质粮食生产基地，以质量而不是以产量取胜，因此东北地区不是国家经济空间拓展的主要方向，也不是人口迁移的理想之地，新的空间拓展只能是面向西部。

尽管西部地域辽阔，但气候环境大都比较严酷，大部分地方人迹罕至，适合人类居住生活的区域也是寥寥可数：天山山脉横亘在中部，将新疆分为南北两部分，北疆沿天山北坡，南疆沿塔里木河流域，依托有限的水资源人们得以生存，其他则是浩瀚的沙漠，年降水量不足 100 毫米。这些沙漠，也包括内蒙古的巴丹吉林沙漠，由于阳光充足，未来有可能作为太阳能采集基地，有学者告诉我们如果将塔克拉玛干沙漠用来进行光伏发电，至少相当于 5 个三峡电站。但这里并不适于人类居住，青藏高原则是常年冻土，只有匍匐在地面的草甸，几处清冷的湖泊和时时飘来的、几乎贴着地面像棉花糖一样大朵的白云，看上去已经到了天边。这里只生活着数量极少的藏民和藏獒，他们像是天神的子民，长江、黄河发端于此，所有这一切毫无疑问使这里变成一处圣地，假如有人相信只有一个天神，那么天神一定就住在这里，人们不应该去打扰他，清爽而稀薄的空气由于氧的缺失已经表明了一切。沿胡焕庸线，也就是我国东西部分界线周边又分布着大兴安岭、燕山、太行山、秦岭、大巴山，这些崇山峻岭林木繁茂，交通不便，既不适合大规模人类生活居住也需要严格保护，而四川盆地作为很早以前的天府之国也已是人满为患。如果黄土高原和云贵高原比作青藏高原的两条罗圈腿，长江、黄河是腿上的两条大动脉，国土空间渐次由东向西扩展，除了云贵高原，只有另一条"腿"——黄土高原，最值得关注。

第 五 章

寻找神灯

黄土高原成为中华民族的发祥地不是偶然的。

　　早期人类生存繁衍得益于大自然的恩赐，这些恩赐正是依附于这些深厚的黄土。迄今为止，我们并没有完全认清它的价值。虽然我们知道古老的窑洞对于文明的发端多么重要，也明白这种天然的节能模式对于可持续发展的意义，但还是与之渐行渐远，而当我们感到有些走投无路再回来时，发现这儿已经变得千疮百孔、支离破碎。所幸我们已脱胎换骨，不再像离开时手里只拿着一把粗糙的石斧，顶着和它一样不开窍的脑袋，而是学会了许多，也拥有了许多——当代工程技术完全有能力让这里恢复昔日的容颜，充分发挥它的潜能，重新成为人们的聚居地。

苍天厚土

地理学家将中国整体地形大体分三个阶梯（图5-1）。青藏高原最高，海拔在5 000米以上为第一阶梯；其次是从云南、贵州到新疆，再到东北大兴安岭，呈"Y"字形的浅色区域，海拔大致在1 000~2 000

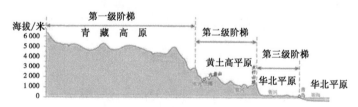

图5-1 中国地形与黄土高原示意图

米，为第二阶梯；其他在 50 米左右区域为第三阶梯。黄土高原就在浅色"Y"字形区域，即第二阶梯的交叉点位置。如果将中国最边远的三个省，即新疆、黑龙江和海南接起来画一个圆，黄土高原恰好处在中心位置，横跨青海、甘肃、宁夏、陕西、山西、内蒙古、河南七个省区，东西长约 1 000 千米，南北宽约 750 千米，总面积约 64 万平方千米，相当于华北平原与东北平原总面积，是日本国土面积的 1.8 倍。这几乎是地球上唯一的，也是最大的黄土堆，像一块巨大而松软的蛋糕，是上苍赠予中国人最厚重的礼物，只是我们一直还没有完全认清它的价值。

黄土高原常年主导风向来自西北，在这一方向近至蒙古高原，远到新疆阿尔泰山，有许多类似克拉玛依"魔鬼城"的雅丹地貌（图 5-2），也叫风蚀地貌，是混杂着泥土、石子的土地不断地被风吹走所残留的地形。如图 5-3 所示，像打谷场一样，被风吹起的飞沙走石与尘土，颗粒越小就会飘得越远，当风逐渐平息，沿风场的粗砂砾石形成戈壁，细小的沙粒形成沙漠（图 5-4），尘埃就在黄土高原落定（图 5-5）。地理学家推测这一过程至少持续了 800 万年。

图 5-2　雅丹地貌

黄土是由风吹来的，像面粉一样均匀，成分相对单一，其质地松软，易于耕作，板结时很坚硬，遭水侵蚀又很容易塌陷，所以又称湿陷性黄土，平均厚度 50~80 米，最厚可达 200 米。由于地形起伏，长期

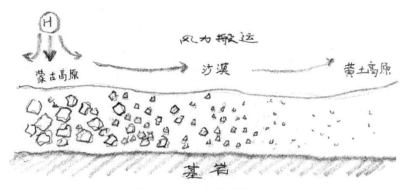

图 5-3　黄土高原成因示意

图 5-4　沙漠

受雨水冲刷，使黄土高原形成千沟万壑，支离破碎地形（图 5-5）。整个高原除了一部分河谷川平地和周边一些山地，大部分都是黄土丘陵，面积大约 40 万平方千米，约占黄土高原总面积的 70%。黄土丘陵又可进一步分为黄土塬、黄土梁与黄土峁三种典型地貌。

　　黄土塬是指顶部是一块平地，四周被冲成沟壑，形成一种不规则形状的平台（图 5-6）。

　　由于四周坡度很陡，受到雨水侵蚀很容易坍塌，顶部平地还会不停

图 5-5　黄土高原

图 5-6　黄土塬

缩小，当这些平台由不规则平面逐渐缩窄成线时，就形成长条形山梁，这种山梁就是黄土梁（图5-7）。

如果黄土梁进一步遭到侵蚀，山脊线断开，会形成一个个锥形或馒头型小山包，这种小山包就是黄土峁（图5-8）。

这里气候温和，光照充足，大多数时间风和日丽，对植物生长有利。从气候条件看，黄土高原年降雨量自西北到东南，由不足200毫米至700毫米，平均年降水量在400毫米左右，属于半干旱地区，虽然比我国南方甚至华北地区降水量有所欠缺，但相较于其他干旱地区的不足

图 5-7 黄土梁

图 5-8 黄土峁

100 毫米的戈壁、沙漠条件要好许多，是最具发展潜力的地区。在地球同一纬度，如果其他条件相同，降水量就决定了天然植物的分布类型：如果不足 150 毫米，基本为沙漠戈壁，如甘肃、内蒙古西部和新疆大部分地区；300 毫米左右可形成草原；到 400 毫米就会长满灌木和一些稀疏的小乔木；600 毫米以上就会形成森林，如图 5-9 所示。黄土高原自然植被也遵循了这一规律，只是由于人类过度放牧与开垦，大部分丘陵都成了荒山秃岭，如果有什么地方需要进行人工补充灌溉，这里无疑具有潜力。

草原	灌木	森林

图5-9 天然植被分布示意

黄土高原是中华民族的发祥地之一，新石器时期人类生活的遗迹在黄土高原南部分布广泛，当时人们以渔猎、采集为生，维持着较好的自然生态系统。

商周时期锄耕农业已发展到一定水平，周代中国有人口1 371万人，其中有一半分布在黄土高原南部地区。

春秋、战国时期铁器出现，犁耕农业逐渐代替锄耕农业，但农耕面积有限，从《诗经》中仍可看到黄土高原南部野鹿成群，虎豹出没，森林面积广大，整个黄土高原人口稀少。

秦汉、隋唐黄土高原成了中国的政治、经济中心，农耕文化大举进入黄土高原，人口迅速增加。据史料记载，西汉元始二年黄土高原地区有人口880万人，使部分林草地被开垦，但开垦程度较高主要在南部与河谷平原，其余地区仍保持自然状态，到隋唐时期基本奠定了黄土高原南部农业生产的格局，人口增加，植被开始遭到破坏。

明代在黄土高原北部修筑长城，移民实边，长城沿线人口密集的城镇开始兴起，对这一地区土壤侵蚀产生了明显的影响。但中部、北部地带自然环境的总体破坏程度并不甚严重，黄土丘陵地区畜牧业仍占较大比重。隋大业五年（609年）黄土高原总人口为1 104万人，不仅分布着数百万边民，而且驻军也三分戍守，七分屯田，每个屯田士卒须种地50亩，使长城沿线被彻底开垦，长城以南则农牧业兼有，明弘治四年（1491年）黄土高原总人口达到1 500万人。

清代人口快速增长，道光二十年（1840 年）人口增至 4 100 万人，由于人地矛盾加剧，清末移入黄土高原的移民向人烟稀少的山区迁移，使黄土高原丘陵沟壑区彻底演变成了农耕区。

20 世纪前半叶，由于战乱和自然灾害，黄土高原人口有所减少。新中国成立后，黄土高原是中国人口增长最快的地区之一。1960 年总人口达到 4 913.4 万人，1990 年达到 9 031 万人，2015 年数据显示为 1.08 亿人（百度百科）。

通过以上介绍，至少我们可以清楚黄土高原曾经具有良好的生态本底，天然气候条件适合人类的生存。人们可以渔猎、采集为生，说明当时植物繁茂，有山羊、虎豹出没，只是由于铁器的发明，人们开始耕种，又由锄耕发展为犁耕，再到机耕，一步步走到今天，使这里变得满目疮痍。好在社会与技术进步并不一味地进行破坏，而是人们对大自然有了新的认识后，试图恢复原有的生机，或者说尽可能恢复曾经拥有的状态，这也就是恢复生态学所要研究和解决的问题，也成为生态意识觉醒的人们所追求的目标。

这里成为文明发祥地，除了黄河与深厚的黄土便于耕作、灌溉，还有一个不可忽视的原因，应该是便于定居。在茹毛饮血的年代，我们的祖先为了遮风避雨、抵御野兽的袭击，需要找到安全的居所：在多雨的南方会在树上搭一个巢，而在北方会找一处洞穴。天然洞穴毕竟是有限的，原始部族之间可能为争夺这些洞穴而发生流血冲突，甚至爆发战争，而在这里用简单的石器和尖利的木棒可以挖成窑洞，大家可以相安无事。这些窑洞一直沿用至今，只是现在和我们主流社会渐行渐远。不过事物的发展不可能总是沿单一方向，总有一部分人回归，但在返回时他们已经不再是腰间围着兽皮、手拿木棍的模样了。

现实的困境

眼下这里是全国最贫困的地区之一。20世纪80年代之前一些地方甚至一家人只有一条完整的裤子挂在门口，谁出门谁穿，"穷得没有裤子穿"不是传说。山西河曲的地方民歌《走西口》道出了一对新婚夫妇生离死别的悲苦与近代山西人出外谋生的艰辛，据说已流传了两百年，成为黄土高原人们背井离乡，外出谋生的代名词。其中西海固是宁夏回族自治区南部山区的代称，范围包括固原地区的西吉县、海原县、固原县等黄土丘陵地区，1972年被联合国粮食开发署确定为最不适宜人类生存的地区之一。

坡耕地与高平地（塬）引水灌溉非常困难，主要"靠天吃饭"，降水量不稳定也导致粮食产量也不稳定，人们就继续开荒广种薄收，使林草面积缩小，被开垦的土地在干旱年份长不出庄家，土地被撂荒，暴雨来临又造成水土流失，生态环境恶化，进而又导致粮食减产，最终陷入"越垦越穷，越穷越垦"的恶性循环与生态、经济的双重贫困。截至2001年，黄土高原地区水土流失的面积为34万平方千米，黄河平均输沙量基本上在16亿吨左右，这意味着从黄土高原地区55万平方千米的土壤侵蚀面积上平均每年被剥蚀约3毫米厚黄土。这里60%是坡耕地，易发生水土流失，使肥沃的表土丧失殆尽。有研究人员估算每年流失的土壤有机质达1 800万吨，氮素154万吨，仅氮素折合成尿素化肥335万吨，相当于全区全年的化肥用量。土壤贫瘠，保水、保肥能力下降，因而农业低产，亩产仅几十斤[①]。

---

① 1斤＝500g，全书同。

黄河携带的大量泥沙穿越崇山峻岭冲出山西，在华北地区舒缓下来，泥沙逐渐沉积，形成肥沃的冲积平原，即华北平原。由于泥沙不断沉积使河床抬升，常常造成河流改道，洪水泛滥，尤其在黄河进入平原的前部区域，人们为了保护农田和村镇，不停地加高河堤，而河床也在不断抬升，久而久之形成了河床高出周边地面的地上"悬河"（图5-10），河床与周围地面的高差3~10米不等，每年还在以0.1米的高度增加。

图5-10 "地上悬河"示意图

河南开封是著名的八朝古都，这里不仅城墙下面埋有城墙，道路与宫殿下埋着道路与宫殿，而且不止一层，考古工作者在地下3~12米处发现，上下叠压着6座城池，其中包括3座国都、2座省城及1座中原重镇，构成了"城摞城"的景观。这种奇特现象是由于历史上周期性的洪水泛滥迫使人们逃离，当他们重返被泥沙掩埋的家园后，又会鼓起勇气在依稀可辨的屋顶上重建家园，而这个故事还将继续上演。

复杂的地形造成水土流失，不仅给黄河下游带来麻烦，自身发展也受到制约。兰州就被限制在了一条狭长的河谷地带，使城市建设用地捉襟见肘。兰州商品房价格在2012年时每平方米就达1万元，接近一线城市，同期贵阳市房价也仅为3千元，而这两座城市经济发展水平可谓难兄难弟，长期位列全国省会城市的倒数一二，不分伯仲。我国城市发展速度很快，在编制城市空间发展规划时要么是以"摊大饼"方式向四周扩展，要么朝某个方向，如发展方向确定为诸如北扩、东进、南伸、西延，等等，而兰州则提出一种颇有地方特色的发展策略，叫"内填式"，以适应人口的扩张，其实就是将现有的每一块建成区继续增加建设强度，增大容积率。据兰州日报报道：兰州城区核心区人口密度已突破4万人/平方千米。而北京的这一数据为2.2万人/平方千米，上海人口密度最高的虹口区为3.6万人/平方千米，兰州无疑是全国最"繁华"的城市。2016年"堵城"排行发布，兰州市节假日交通拥堵全国第一。

由于战略地位重要，兰州近几年采取两项举措，一是选择在中川机场附近"跳空高开"建设新城。由于距主城区太远，大约有70千米，又没有如期形成一定的产业规模，也可能因为当前的经济形势，目前发展态势并不是很好；二是在城区周边进行"削山造地"，国土资源部门在2012年前后批复的试验区有近200平方千米，可再造一个兰州。但因各种原因，一时遮天蔽日，机器轰鸣的"削山"现场又沉寂下来。

在这种失陷性黄土进行大规模"削山造地"建设城市，原本就不像看上去那么简单，只要具备一些工程常识都会明白，当一个小山包被推平，一条沟壑被填起，看似一块平地，但它表层的下部原有的结构已发生了变化，或是"淤血"，或是"骨折"，不仅回填的虚土会沉降，被推平的山包也可能因为卸掉"包袱"而向上拱起，原土一旦被扰动，滑坡、塌陷、沉降等地质灾害，以及为此而采取的工程措施，代价可能是平地的数倍。

支离破碎的丘陵地貌造成水土流失，成了这里生态环境最糟糕的问题。治理水土流失最有效的工程措施是将坡地改造为台地，即梯田，但大规模人工改造一是坡度受限，二是成本太高，经济上不一定划算。通常地面坡度在15°以下比较容易做到，25°以上，每整理出一条4米宽的平地，就会出现至少2米以上高的陡坎，这就需要首先将山坡、丘陵的总体坡度放缓，否则需要将护坡或挡土墙进行加固。据悉在兰州的"削山造地"项目平均每亩地投资额高达30万元，即便是每亩地3万元，以高效农田或经济林每年收入 1 000 元计，收回成本也至少需要近30 年。

这里除了土豆好像也长不出什么特别的东西，尽管还有一些跟土豆差不多的球根作物，比如像百合、大丽花都是这里的特产，但产量都很有限，形成不了规模，没有竞争优势。丘陵与坡耕地不适于现代农业的大规模机械化作业，也不利于建设农田水利设施引水灌溉，削山造地营造人工平原又更像是愚公移山，无论农民、厨师、裁缝或木匠对这里的发展前景都不抱太多期许。现有的土地利用方式对于黄土高原可能是一种资源的错位使用，真正的价值有待进一步发掘，也可以说时机未到。面对当代经济大潮与都市的流光溢彩，一座座跨海大桥以及飞速穿梭的高铁动车，人们随着黄河流向东方，现代版的"走西口"还没有结束，黄土高原依然是被遗忘的角落。

不过这里沉睡的时间应该不会太久。黄土高原总是让人联想到罗中立笔下的《父亲》，在他质朴苍凉的外表下令人始终感到一种神奇的力量。"父亲"手中的一碗水似乎昭示着生命的复苏。

绿色建筑与窑洞

　　对于生态建筑、建筑节能或绿色建筑，当代建筑师似乎更热衷于高科技手段，如智能型采光天窗，新型保温材料，甚至立体绿化、生态仓、屋顶花园等，如新加坡建筑师杨经文设计的绿色建筑、诺曼·福斯特的法兰克福商业银行总部大厦等，这些豪华的高科技生态、节能建筑对于我国广大贫困地区来说难以企及，我们毕竟还是发展中国家，还是要依靠实用而成熟的技术，尽可能就地取材，以最小代价实现节能目标。

　　2014年5月9日，一辆作为纪念碑的老旧坦克经过抢修后出现在乌克兰卢甘斯克街头，参加二战胜利日的庆祝活动，不久这辆历经70年风雨的"古董"由当地民兵驾驶重新投入战斗，像穿越时空，令人惊叹。这就是前苏联二战时期著名的T34坦克。当时为了战争需要，这款坦克在试制过程中简化了一切可以简化的设计，以便在普通的拖拉机厂就能快速生产，据说当几名德国士兵在战场上第一次看到被击毁的T34时，其简陋的模样引起他们的嘲笑：装甲像是用钢板简单的切割、拼接而成，就像随意切成的蛋糕，甚至驾驶座只有一个操纵杆，比拖拉机还简单。如果德国士兵围观的一幕是真的，不久他们可能就笑不出来了：正是这种极易掌握而又可以大批量生产的装备成群地出现在战场上，成为当时最先进的豹式坦克的梦魇，而这两款坦克相比，当时给人的印象可能无异于今天的夏利与奔驰。后来武器专家在回顾坦克发展的历程时一致认定T34是坦克发展史上最杰出的设计，这是一个民族在生死存亡时刻被激发出的智慧之光，它告诉我们在解决看似复杂而棘手的问题时往往越直接简单反而越有效。美国科幻电影《独立日》中也出现过一个有趣的情节：外星人入侵地球，所有通信信号都被阻断，人们彼此失去联系，无法组织有效反击，关键时刻一种早已过时的摩尔斯电码发报机却发挥了意想不到的作用，使人类反败为胜。这一情节并没有让观众感到不合逻辑，反倒觉得有趣。先进未必实用。

在黄土高原的建筑师看来，窑洞或许才是这里真正的"土特产"。图 5-11 是利用窑洞节能模式进行的一项节能测算，显示一个最热月份一天当中一个普通窑洞内外气温变化对比（《低碳经济下绿色建筑设计的思考》作者 李敬军、谢权），对窑洞的一些实地观测与该图表基本一致，显示室外温度在 30℃ 以上，最高时接近 40℃，最低在 16℃ 左右，而窑洞内部则始终在 20~25℃，同样在最寒冷的冬季，户外在 0℃ 以下时，窑洞内即使不生火也会保持在 10℃ 左右，举火做饭所产生的热量就能维持人们需要的正常室内温度。窑洞既不需要采暖，也无需空调，有人将窑洞称为"双零"建筑，即零占地，零能耗，而且土是主要建筑材料，这是节能建筑、绿色生态建筑所追求的最高境界，在能源与环境的形势日益紧迫的大背景下显然具有特殊意义。

人类从自然界中获得的原材料有近一半用于各类建筑及其附属设施的建造，在建造、使用过程中又要消耗近一半的能源。随着我国经济的快速发展，建筑能耗的总量也在逐年上升，相关资料显示在能源总消费量中所占的比例已从 20 世纪 70 年代末的 10%，到 2000 年年末占 27.6%，同时期建筑用能的增加对全国的温室气体排放"贡献率"已经达到 25%。中国建筑节能协会发布《中国建筑能耗研究报告（2018）》数据显示，2016 年，中国建筑能源消费总量为 8.99 亿吨标准煤，占全国能源消费总量的 20.6%；建筑碳排放总量为 19.6 亿吨二氧化碳，占全国能源碳排放总量的 19.4%，虽然占比有所下降，但 2000—2016 年建筑碳排放总量还是增长了约 3 倍，成为我国经济发展明显的软肋。其中采暖与制冷占建筑能耗的 2/3，按广义的建筑能耗计

算，包括建造、使用维护与拆除的全过程，2010年已达到社会总能耗的
42%左右，直接加剧了能源与环境危机。

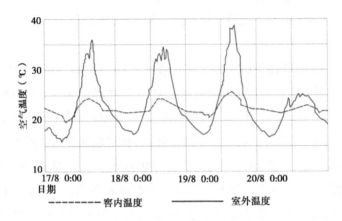

图5-11　窑洞内外气温变化对比

图5-12是本土建筑师利用建筑热工原理，包括烟囱效应，附设阳
光间以及水循环等，对窑洞所做的改进设计。

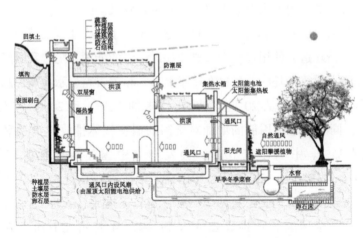

图5-12　新型低能耗窑居模式原理图

窑洞广泛分布于黄土高原地区，经过数千年发展，演变成了多种形式，包括崖窑、坑窑、箍窑，并结合中国传统的建筑形式建造院落式窑洞群落。建筑师们对这一领域的研究与实践20世纪80年代比较活跃，后来也一直没有中断过，例如以刘加平院士和已故的建筑大师任正英为代表的一批黄土高原的建筑师在新型窑洞设计方面做了富有成效的探索，不过迄今为止依然停留在居住单体，在人们的印象中像是某种民间特色手工艺或地方小吃，没有形成被普遍认同的一种主流形式。

崖窑，也称崖庄窑，是在垂直的黄土崖壁上直接挖成洞穴，是窑洞最古老、最常见的一种形式，据考证已有4 000多年的历史（图5-13、图5-14）。

图5-13　崖窑外观

箍窑（图5-15），一般是在山坡脚用砖石砌筑拱券（图5-16），再覆土。这种形式不仅扩大了内部空间，也避免了崖窑土体的坍塌，稳定性好。其形式虽然与崖窑相似，但受力构件已不再是土体本身，而属于覆土建筑。

图 5-14　崖窑内部

图 5-15　箍窑

坑窑是在平地上先挖出一个坑，再在坑四壁挖成窑洞，这种坑窑出现在河南地区土层深厚的平地，是崖窑的地下形式（图 5-17）。

图 5-18 是陕西省米脂县姜氏庄园，用窑洞结合中国传统建筑形式并构成院落，是全国最大的城堡式窑洞庄园。

我们从当代形形色色的建筑上总可以找到人类早期建筑的影子

图 5-16 石砌拱券

图 5-17 坑窑

（图 5-19）：在陕西西安半坡村遗址的木骨泥墙建筑，与现代钢筋混凝土结构的工作原理相同，而浙江宁波河姆渡遗址的干栏式建筑与沿用至

图 5-18　窑洞院落

图 5-19　窑洞村落

今的云南傣族竹楼，让人联想到底层架空的框架结构；豪华游轮其实就是飘在水上的房子，与渔家船屋本质上没有区别，甚至还有鸟巢……窑洞与其他古老的建筑形式或现代建筑的基本雏形几乎同时代诞生，甚至可能更早，但始终没有得到现代技术的眷顾、展现出应有的风姿，这恐怕一直让本土建筑师难以释怀。然而他们始终不离不弃，延安大学的窑洞建筑群（图5-20）似乎让我们看到未来窑洞建筑的曙光。

图5-20　延安大学窑洞建筑群

黄土高原千沟万壑的地形是为这种横穴式建筑准备的。一块场地需要开发建设时，我们习惯于首先要"三通一平"，即通水、通电、通路和场地平整，据此认定城市建设用地应该密实、平坦、开阔。对于窑洞却相反，而是需要一处陡坎，如果没有就必须先削出一块。还有像河南的坑窑，必须先在平地上挖出一个坑，因此黄土高原所谓千沟万壑、支离破碎的地形地貌，对于建造传统建筑或许是噩梦，但对于窑洞和覆土建筑应该是资源。

窑洞与掩土建筑还没有成为黄土高原城市的主流建筑形式，从工程技术层面看，不外乎有这么几个原因：

一是交通不便。我们常用"一马平川""如履平地"形容平原地区交通的便捷，20世纪80年代在兰州白塔山所做的窑洞民居实验，在业界获得好评，但居民依然会选择"下山住楼房"，因为出门或回家，需要上下坡走许多山路。我们在日常生活中也会发现，当我们过马路时身旁有一座天桥，距50米有一处人行横道，我们一般会选择后者过马路，就是说水平距离与垂直距离的等价比往往超过十比一，而货物运输更是如此。崎岖的盘山公路不仅造价高，行驶速度缓慢又危险，汽车爬坡时的油耗与下坡时的机械磨损等运输成本都是平原地段数倍。此外，分散的窑洞也使市政基础设施，如电力、燃气、给排水等不宜连通，或成本太高，使窑洞与既有建筑相比不具竞争力。

二是建筑空间狭小，类型单一，满足不了人们对建筑的多种需求。虽然新型窑洞设计针对通风采光等做了诸多改进，在外部形式上也发挥了建筑师丰富的想象力，使窑洞面貌焕然一新，但所有尝试都局限在居住这一单一类型建筑，而现代城市的功能对建筑使用的要求是复杂多样的，仅围绕住宅区就需要学校、医院、超市、餐饮等建筑，这些建筑往往需要较大的空间，这还不包括体育馆、影剧院等大型空间。单就居住的窑洞空间也并不理想，由于跨度有限，窑洞面宽只有三四米，为了争取较大的使用面积，进深会做的很长，少则五六米，多则十几米，形成狭长的管状空间，而普通单元式住宅，分户墙间距至少有六七米，同样的面积，相比之下人们更愿意选择宽敞明亮的楼房。

三是建造方式仍然停留在传统的手工作业。早期窑洞是选择在垂直崖壁上挖掘，称作崖窑，由于土体较软，一方面挖掘难度不大，但另一方面空间也不宜太大，一般都限制在3米以内，否则上部就可能坍塌。后来人们采用石砌拱券，或现浇钢筋混凝土拱顶，大多为连续拱，再进行覆土，称作箍窑。与前者相比，箍窑无论从空间使用还是建造工艺都大有改进，不过从其受力特点看，已不再是严格意义上的窑洞，而是覆土建筑，因为窑洞的土体本身是受力构件，而箍窑的墙体和屋顶已被其他材料所替代。即便如此，箍窑的建造也由于场地地形起伏，作业面狭小，建筑零星分散不便于大规模机械化作业。与之相比，当代建筑工程技术日臻完善，20世纪80年代人们津津乐道的"深圳速度"早已见怪不怪，如今一幢20层的住宅从开挖地基到封顶，主体结构工程不会超过一年，建筑工地除了塔吊，混凝土搅拌车，以及一些堆放整齐的模具，见不到几个人。在劳动力日益紧缺的当下，这种标准化设计，机械化施工的工业化建筑使仍处于半原始施工状态的窑洞建筑无法望其项背。

其实利用当代成熟的工程技术解决窑洞的这些问题并不难。工业革命以来，由于钢筋混凝土的出现，钢材、水泥、玻璃取代了木材、土块、砖块、石块等传统的建筑材料，建筑设计与建造工艺也发生了革命性的变化，走上了建筑工业化的道路，实现了大规模、标准化、机械化快速高效的建造方式。实现工业化建筑有两个基本途径：一是预制装配式，也就是将建筑分为若干种标准构件，如在工厂预制门窗、墙板、楼板，甚至是整间屋子，然后在现场进行安装；二是标准模具现浇式，即制作许多标准化、可以重复使用的成品模具，在现场安装并进行混凝土浇筑。前一种方式曾经使用过一段时间，主要用于砌体结构房屋的楼板，就是我们当时大量见到的槽型板和圆孔板。由于这种结构形式的人工砌筑作业量大，又满足不了高层建筑与现代城市发展的需要，而混凝土的预制构件种类、规格又比较庞杂，运输吊装都很麻烦，逐步被后一种方式取代。相对来说标准化模具和商品混凝土的使用更有利于城市建筑的快速施工，在此期间也出现过预制"盒子"建筑，即在建造大型框架后吊装成品房间，但最终人们选择了后者，目前装配式建筑只有一些木屋、彩钢板等临时、轻型建筑采用这种模式。

预制装配式建筑比较适用于体量不大又可以独立安装或拼装的独栋别墅，可进行大量标准化生产。对于窑洞型居住单体，预制单元可以是整栋小别墅，宽度——开间可以在6~7米，采用抽屉式的套筒设计，即外筒作为结构主体，形成固定的永久性空间，内筒是成品房屋，两个都可以分开定制，主体结构部分完成后如果不启用，可以暂时封存起来。这样做的好处是初期投资很低，基本不需要维护，成品房可以称作真正的"商品"房，可以在工厂生产和销售，分段进行标准化、模块化生产，在现场进行二次安装，即用户在得到一处窑洞空间的使用权后可以按自己的需要定制、购买一套成品房将其像抽屉一样"塞"进去，甚至可以作为车库，将房车放入其中。

防水防潮是掩土建筑与窑洞需要重点解决的问题，否则室内环境犹如地下室显得阴冷潮湿。目前建筑的地下部分的防水防潮所使用的材料大多为有机高分子材料，使用期限也就一二十年，当这些材料老化失效后就会面临将覆土扒开重做，会增大建筑的维护成本，因此较好的处理办法就是将防水部分做在成品房的"外墙面"，需要维修时可以沿轨道将房屋推出。内外套筒之间形成的空气间层也可以通过烟囱效应将潮气导出，如图5-21所示。

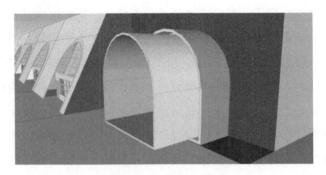

图5-21 "套筒"示意

掩土与薄壳
（原文引述）

土的蓄热系数大，热惰性强，可使窑洞和掩土建筑形成"冬暖夏凉"的理想温度环境，同时也会产生很好的节能效果。但窑洞土体强度有限，空间跨度小，开挖层窑间距大；掩土建筑占地面积大，目前只限于小规模试验。由于它们的结构体系和建造方式都和当代大规模生产的工业化建筑技术主流不匹配，特别是和用地紧凑的城市规划无法衔接，这种节能模式目前仍然处于胚胎阶段。但是，我国北方广大干旱和半干旱地区，尤其是西北黄土分布区域，如果能充分利用现有技术条件，采取一种复合受力体系——壳与土体相结合建造多层建筑，这种节能模式就会发挥出它的潜力。

一、掩土—薄壳概念

这里所说的"土"，除了自然界地学作用所形成的天然土外，还可以是无公害工业废渣和建筑垃圾等松散颗粒堆积物。由于土是岩石经各种地学作用而形成的"终极产品"，或是建筑与工业生产的"末端产物"，其化学稳定性是其他材料无法相比的；另外，土的承压性能好，其堆积体的稳定性一般情况下只受安息角限制，理论上建造高度不受限制，特别是黏性土本身具有固结作用，强度会随时间推移而长期增长；最后，土体蓄热系数大，热稳定性强，这在有关掩土建筑的研究与实践中早已得到证实。这些特点为堆积体建筑的结构安全、持续耐久及保温节能提供了必要条件。

　　"壳"是一种理想的空间受力结构，其强度和刚度极大，且板架合一，自重轻。目前大管径钢筋混凝土管和工业建筑中预制装配的"盒子"都已有了成熟的生产工艺。我们知道，钢筋混凝土构件是充分利用钢筋受拉和混凝土受压的特点，两者协同作用来完成结构任务的。同样，如果利用现有工艺制作以"间"为单位的薄筒壳，并与土体堆积相结合，利用土体的承压性和稳定性及筒壳的刚性，就可以构成稳定的使用空间，并且可以堆建多层的掩土——薄壳建筑（图5-22）。为了叙述方便，我们暂且将其称之为"堆积建筑"，其结构形式称作"堆积结构"。

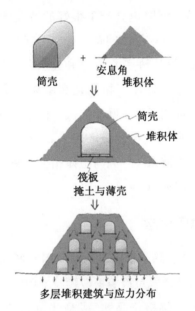

图5-22　堆积建筑基本模型设计

　　就图5-22所示的模型，很难将堆积建筑与窑洞区分开来，甚至很容易使我们联想到古巴比伦的空中花园。事实上，早期窑洞是人们在固结的土体上直接开挖、未扰动部分作为结构构件形成使用空间。其空间跨度、层窑开挖的竖向间距都受到很大限制。改进后的窑洞使用砖、石等衬砌拱券或拱券覆土。例如，延安大学窑洞建筑群以及兰州白塔山的

"双零建筑"等均属此类。就其结构功能来说，砌体拱券与堆积建筑的筒壳作用是相同的，区别在于筒壳可以用现代工业的材料与工艺进行批量生产和机械化施工，正是这一区别可以使窑洞这一最古老建筑产生质的蜕变。我们可以设想，在筏板上安装筒壳，然后覆土进行层层堆建，筒壳在水平和垂直方向都保持一定间距（图5-23）。将壳顶的曲线设计为合理的拱轴线，使其弯矩和剪应力为零，由此产生的侧推力与侧向土的压力相抵，从而保证筒壳有足够的空间刚度。而每个壳体基本上只承受上部土的均布荷载，所有重力荷载都会均匀传递下去，即由土体来保证堆积建筑的整体稳定，而由"壳"来保证内部空间刚度。

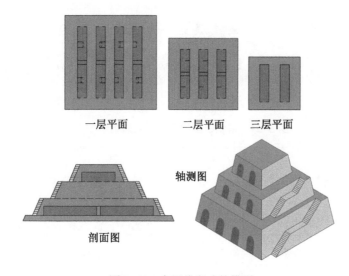

一层平面　　　二层平面　　　三层平面

轴测图

剖面图

图5-23　多层堆积建筑模型

二、设计方法

（一）内部空间构成

与堆积建筑相比，现有的各种建筑（包括木结构、砌体结构、钢筋混凝土结构以及钢结构等）都可视为钢性整体结构。其特点是使用空间集中，外墙和屋面构成总体空间，楼面和内墙分割内部空间。而堆积建筑各筒壳之间相对比较分散，内空间呈孔洞状。因此其平面组织就不能使用现有的习惯性方式，而应该采用类似电路、管路的组织方式。例如对各主要使用空间用内部廊道和外部平台进行"串联""并联""放射"，以及按不同使用要求进行组合；在竖向上除简单分层外，也可采用错层、跃层等方式（图5-24）。把刚性建筑设计为倒椎体是不符合结构逻辑的，但由锥体组合成的倒锥形空间却非常合理（图5-25）。根据使用要求，还可将堆积结构与其他结构形式相结合，如与框架结构、大跨度空间结构，使内空间呈现丰富的变化（图5-26）。

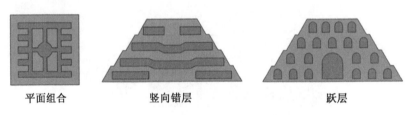

| 平面组合 | 竖向错层 | 跃层 |

图5-24　堆积建筑的几种内空间组织方式

| 不合理 | 合理 |

图5-25　合理与不合理的锥体组合对比示意

（二）外部形式

堆积结构的力学特性决定了其建筑外形为典型的山体外貌，基本形状为锥形或堤形，局部呈台地或梯田状。它不像刚性建筑，每个结构单元都会受到尺寸限制，而是可以不断地延伸、扩大和加高，坡度也可以有陡缓变化。规则式设计可以有条型、环形、交叉以及它们的各种组

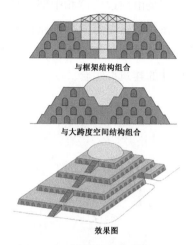

与框架结构组合

与大跨度空间结构组合

效果图

图 5-26 堆积建筑的结构设想

合,以构成开敞或围合的外部空间形式(图 5-27)。

平面图

轴侧图

图 5-27 规则式设计

　　真正能体现堆积建筑魅力的是自然式设计,它不仅能充分利用自然地形条件,降低建造成本,而且能够营造出柔和而丰富的景观效果,凸显出原始地形特有的风貌。在中国古典园林中,掇山理水的造园手法是非常值得借鉴的。如圆明园"廓然大公"景点,这是一个地形处理的经典案例（图5-28）。它是由周边山体和中部横亘的低丘构成一大一小两个围合的空间，入口在北侧，通过曲折的路径和空间有序的收放，获得了欲扬先抑、步移景异的奇妙空间感受。图5-29显示的是本文作者以其为蓝本进行演绎设计的建筑群组合。

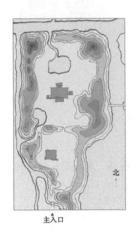

图5-28　"廊然大公"地形示意

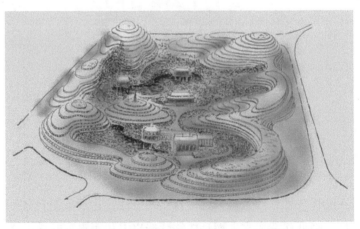

图5-29　"廊然大公"建筑群组合演绎

三、营造方式

（一）构成特点

堆积建筑的施工与目前建筑工程相比，所需工程机械设备、施工技术和操作程序等要简单得多，刚性材料（如钢筋混凝土）用量少而土方工程量大。由于堆积建筑与地面是一体的，对工程地质的要求不是很高，也不存在地基处理问题。与刚性建筑相比，存在以下几方面的特点：

首先，刚性建筑无论是垂直构件还是水平构件几乎都是刚性衔接，从基础到屋顶环环相扣，非常严密，尤其是节点部分，对钢筋搭接、支模现浇以及施工缝、变形缝处理等技术措施都有很严格的要求，如果任何一个环节出现问题都有可能使整个建筑损毁。而堆积建筑是各层和各壳体单元的安放与堆埋，壳体之间是由松散的土作为介质和受力体。因此在施工中主要是把握好壳体的临时固定和土体铺设碾压的均匀性。

其次，刚性建筑尤其是钢筋混凝土建筑的主体结构施工过程中，设备体系非常庞大，从支架、模板到塔吊等不一而足。由于钢材用量大，锈蚀现象也比较严重。此外，模板的重复利用次数也很有限，即便是预制装配结构，现场的湿作业也很多。而堆积结构的现场施工主要是筒壳吊装和土方工程，所需设备和施工工艺相对简单，适用于矿山和工程机械，也适用于最传统的人工方式。

最后，堆积建筑工程也可划分为主体结构工程、装饰装修工程以及暖通、空调、给排水、电力等设备安装工程。其中，室外装修主要是室外平台的地面铺装和绿化，也可根据需要对大的斜面护坡进行艺术处理，至于室内装修和设备安装等，采用目前的常规做法即可。

（二）壳体的预制和安装

壳体可以由两部分构成：一部分是作为基础的筏板，其作用是使土体受力均匀以防止壳体倾斜，它可以预制，但现浇为佳，以便使底面和地面充分接触；另一部分是预制筒壳，图 5-30 显示的是筒壳剖面及构造示意图。筒壳由顶部曲面板、两面侧板和底部架空平板构成。架空部分可以用来铺设管线。筒壳可以"间"为单位进行预制，类似"盒子"建筑。也可以为了运输方便，将平板和曲面板分别预制，现场拼装。曲面板宜为 1/3 圆管（剖面线型失高为跨度的 0.284 倍，近似合理拱轴线），曲面板受力合理，加工制作可以用圆管的生产方式，即用隔离材料将圆管三等分，这样就可以充分利用现有的管件的生产工艺。构件需要有很好的防水防潮性能，现有的技术条件可以很好地解决这些问题。制作筒壳的材料除了钢筋混凝土外，金属板和合成高分子等轻质高强材料也都可以选用。壳体安装可以使用常规设备，而土体填埋为避免壳体错位需要临时固定。

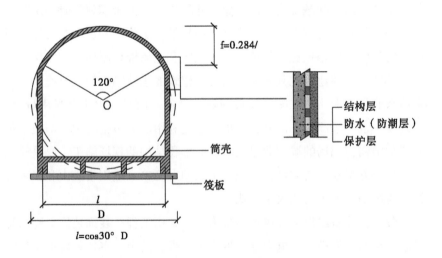

图 5-30　筒壳构造示意图

（三）土方工程

堆积建筑的方案设计从某种意义上说是一种地形竖向设计，基本原则应该是"就地平衡"、减少运距，并且尽可能上挖下填以降低工程造价。另外，自然地形地貌是在风蚀、冲刷、洪积以及地壳运动等长期地学作用下形成的，应尽可能保持和顺应原始地形，这就意味着顺应场地及气候环境，使建筑保持长期稳定。土方工程的实施可能有以下几种基本形式：

（1）"挖湖堆山"（图 5-31）：这种方式适用于有弃土要求的构筑物（如下沉广场、人工湖、地铁等）以及自身需要地下使用空间的平坦场地。

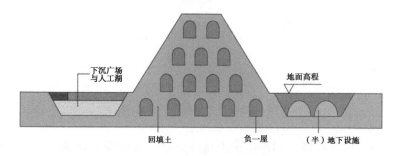

图 5-31　"挖湖堆山"示意图

（2）整体位移（图 5-32）：适用于建筑规模与山体体量相应的情形。

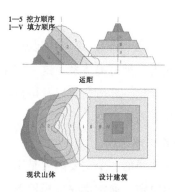

图 5-32　"整体位移"示意图

（3）台地延伸（图 5-33）：适用于原山体体量大、建造层数多的情况。施工时，土方挖填由山顶沿斜面自上而下、各台地沿坡角向外延伸，逐层进行。此法施工方便，成本低。

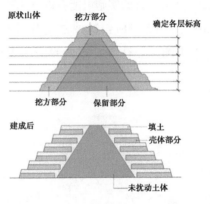

图5-33 "台地延伸"示意图

（4）客土堆填：即堆填土由场外运进，其中废弃建筑拆除后的建筑垃圾特别值得关注。目前建筑垃圾基本作为废弃物被弃置在城市周边，不仅造成环境污染，而且浪费土地资源。如果进行适当粉碎处理，就可成为很好的堆积材料。

四、应用前景

堆积建筑可以被视为掩土建筑与窑洞的改进，但因为引入了现代工业生产要素，有可能成为一种另类体系。这一体系如果被认同，会对一些地区城市发展、景观优化、环境友好以及可持续发展等产生不可忽视的影响。可以从以下几方面来考虑。

1. 城市发展方向和用地选择

目前城市建设用地选择的一个主要因素是工程地质条件，其主要由地形坡度和地基承载力决定。通常优先选择地形变化简单、地基承载力高的地段。建筑场地取向为"平坦、密实、开阔"，而堆积建筑几乎不受地基承载力的限制，从设计和建造上可知是依地形而建。这就为城市未来的发展方向提供了新的选择。

2. 城市竖向规划

目前的城市竖向规划仅限于各种规划用地坡度的控制和场地的地面排水需求，在我国城市规划法规体系中，对地下空间的开发利用也只做了一些必要的规定。虽然在《城市地下空间开发利用管理规定》中提出"竖向分层立体综合开发"，但真正进入地下的设施除地铁、市政管网和建筑物地下室外，并未进行系统的整体开发；在场地设计中，地面设计标高是以平均高程确定的，即只是为了场地平整。堆积建筑从某种程度上也是地形的利用与改造，其斜面与地面构成了一个连续起伏的下垫面。因此必须对地面各层台地和地下进行统一的高程策划、"分层立体综合开发"才有实际意义。有人曾设想将城市底层全部架空，其用意很容易理解。以堆积建筑为骨架的城市，在竖向规划中，根据地形、使用要求和土方平衡推算出基准高程，可将城市竖向空间分为上下两个基本部分，下部主要为交通、市政和仓储等基础设施层，上部为居住和工作等主要使用空间层（图5-34）。

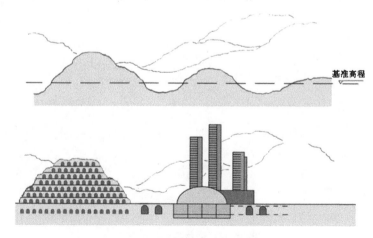

图5-34 城市竖向规划示意图

3. 城市景观与绿地系统

尽管城市总体设计贯穿在城市规划的整个过程中，但可以操控的部分非常有限，只能在凯文·林奇的"路径、边缘、节点、（局部）区域、标志物"景观五要素方面进行控制。城市是逐渐成长起来的，以政府为主导的城市规划一般深入到控制性详细规划层面。由于结构决定了建筑的基本形态，因而"高楼林立，千市一面"也就成为一种必然。堆积建筑的特点是不受间距限制，"单体"建筑之间没有明确的界限，"山脉"可以延续和起伏变化。城市设计可以把握好这些"山脉"走向和变化，形成良好的空间形态。建设者为节约成本，都会尽可能使原地形不发生大的变化，这就在客观上为城市景观规划设计提供了实现的可能（图5-35）。堆积建筑可以称得上是典型的"双零建筑"，如果以它作为城市的主要建筑类型，那么它的表面可以基本上被绿地所覆盖，生态环境将大为改观，人们将有可能看到一个真正绿色的"山水城市"。

图5-35 城市景观构想图示

五、评价与思考

建筑设计的基本原则是"安全、适用、经济、美观"。"适用"一方面指建筑的各使用空间（包括主要使用部分、次要部分和交通联系部分）的尺度及组织方式符合使用要求；另一方面指内部空间的物理环境（如采光、通风、温度、湿度及设备）符合使用要求。刚性建筑的各房间和走道之间往往只是一墙之隔，而堆积建筑往往需要穿越狭长的通道，在内部空间组织上不如刚性建筑紧密，但就内外空间关系来看却比多层和高层建筑优越得多，主要是由于其各层边缘都有独立的出入口，使各层平台形成了良好的户外空间。对于现有的多层和高层建筑住宅，由于室内外是由垂直交通联系的，往往使大部分居民较长时间呆在室内，而面积局促的阳台也很难满足户外活动要求。

采光和通风是堆积建筑需要重点解决的问题。堆积建筑不具备刚性建筑的条件，需要由人工光源和通风设备补充。但相关研究表明，这一部分能耗与节能效应相比在经济运行上是非常划算的。由于堆积体的柔性和稳定性以及便捷的对外联系，它的抗震和防火特点是不言而喻的。堆积建筑本身可以作为防空掩体，因而它又是一种很好的平战结合体系。

堆积建筑的"经济性"体现在一次性投资和使用期限上，使用期限越长则经济效应越好。现代工业建筑的设计基准期一般为 50～100 年，这些建筑的建造和使用是依靠消耗大量的不可再生资源，这些资源的形成往往经过漫长地质年代，如果从寒武纪算起大约有六亿年的时间。与这样的地质年代相比，当代工业化建筑只能算是"一次性用品"。合理的资源分配应当是：用不可再生资源生产永久性产品，用可再生资源进行日常的使用和维护。

在土体固结和稳定的过程中，堆积建筑逐渐成为结构主体，其耐久期限可与现存的墓穴、洞窟及金字塔相媲美。我们可以使用这样一个简单逻辑：被压碎的物体是不存在受压破坏的，已经风化的物质不可能再被风化。因此，即便是人工合成的壳体在土体覆盖的环境中也会避免冻融破坏。此外，堆积建筑外形柔和，延绵起伏，它不仅不排斥刚性建筑，而且可以和刚性建筑共同形成刚柔并济的景观效果，同时以大量堆积建筑来烘托陪衬地标性建筑，也是堆积建筑美学价值的体现。

有无之间

在这里对于场地平整与大空间建筑营造，我们需要转换思路。老子《道德经》"有之以为利，无之以为用"对建筑的本质做了阐述，即无论以什么方式，什么材料，我们对建筑的使用需求是封闭空间，围合这一空间的物质既可以是砖墙，也可以是土，黄土高原大大小小、纵横交错的沟壑已经为我们提供了半封闭空间，只要巧妙地加以利用就能获得我们所需要的空间。

图5-36上图是一幅常见的城市剪影，建筑构成的天际线与丘陵地貌轮廓有些相似，山地丘陵的"削山造地"就是将凸起的山丘填入沟谷。如果把这幅剪影倒置，与丘陵地貌的剪影图组合起来（中图），就会出现一个有趣的现象，填平的沟谷相当于一个倒置的城市（下图），区别在于将原有地面翻转到了顶部，我们进出这些"楼房"由过去先上后下，改为先下后上，但这又有什么关系呢？这就相当于将一块集成电路板颠倒过来。在黄土丘陵地区必须考虑一种全新的建筑体系，甚至和以往平地建造房屋属不同的概念，就像从陆地到水上，不一定非要填海造地，也不是打桩造平台，而是造船。

"桶壳"不限于平放，可以像储油罐一样竖起来，如果在沟谷地浇筑一些钢筋混凝土罐——桶壳，将土填充在桶的缝隙间，顶部根据使用需要，既可以掩埋，也可以作为采光天窗，或完全开敞，"桶"之间可以是连通的，形成相互连通的空间。按钢筋混凝土结构的常规做法，整体浇筑的桶直径可以做到60米，壁厚在200~300毫米，如果高度设计

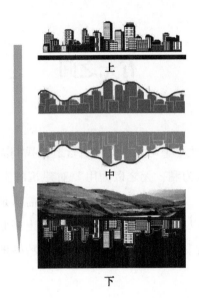

图 5-36　丘陵演变的"倒置城市"

为 50 米，底板的平均厚度以 500 毫米计，浇筑这样一个容积 14 万立方米的巨型桶，大约需要 3 500 立方米钢筋混凝土，两者比例为 40∶1，既省去了大量土方填充，又得到了使用空间，还得到人造平原（图5-37）。

　　除了横穴式窑洞与垂直竖桶，还可以利用倾斜的沟壑营造"嵌入型"建筑，这种结构体系相当于一个斜向的框架倚在山坡上，由各层台地受力（图 5-38）。

　　我们不妨设想一处普通的地貌单元，示意一个聚落的基本方案，来诠释"掩土与薄壳"体系的设计理念。所选地段有两道土梁挟一斜谷，斜谷呈狭长 V 字形，东西走向，长度约 800 米，西端最低处为场地出口，谷底与两侧山梁高差 100 米左右，坡度在三四十度，梁脊间距（场地）最宽处宽度约 600 米，如图 5-39、图 5-40 所示。

　　选择南向坡面作为居住用地利于采光，北向的背阴坡地水分蒸发量

图 5-37 地下城

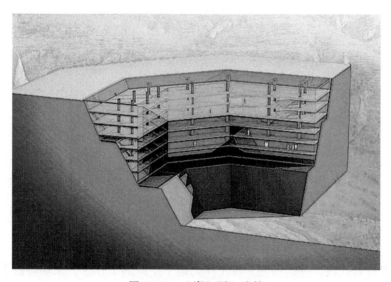

图 5-38 "嵌入型"建筑

小，作为林地形成良好的生态小气候环境，规划基准高程 40 米，谷地

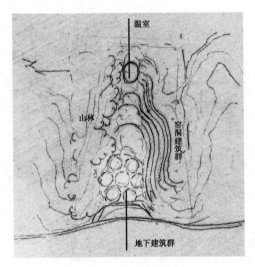

图 5-39　场地平面示意

图 5-40　场地断面示意

西侧最低处设计一组桶壳，覆土作为地下空间的工作区，东端接近最高处设计一座椭圆形温室作为冬季公共活动场所，向下延伸分别设计幼儿园、老年公寓、小学校等公共设施，谷地中部为公共活动场所，包括运动场、草地、广场。

居住用地的场地总体坡度控制在26°（1∶2）以下，逐级整理为10米高差的台地，设计标准化居住单体，底层高3米，二层为半圆拱，顶部高度3.6米，挡土墙设计2∶1倾斜坡度，桶壳面宽与间距均设为7.2米，进深15米（图5-41、图5-42）。放宽居住单体的间距一方面是基于独立维护方便，如出现局部不均匀沉降、渗漏等，在维护过程中不会影响其他单元，土体自承重，桶壳在很大程度上只起到支护作用。同时使每户均匀一个不小于140平方米的院落。图5-43、图5-44、图5-45是装配式窑洞示意图。

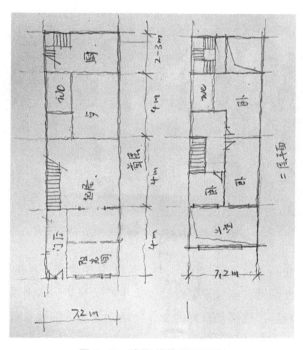

图5-41　窑洞单体平面示意

由于呈东西走向，温室设在顶部便于延长采光时间，采用半地下结构是借鉴土温室利用地热原理，采光顶及结构可以使用轻钢结构和阳光

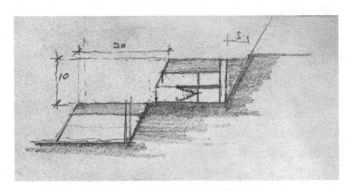

图 5-42 窑洞退台、单体剖面示意

图 5-43 装配式窑洞示意图（1）

板等经济型材料。北方冬季漫长，每年11月至翌年3月的近5个月时间不适于户外活动，温室规划设计为集生产、观赏、休闲娱乐等多功能综合体，为社区居民提供良好的交往、活动场所，临近温室设置老年公寓与幼儿园，方便使用。

学校教室的做法、体量与住宅大致相同，只是采用单层，在顶部设置采光竖井形成采光带。

工作区的大型地下建筑之间可以是相互连通的，并与其他建筑共同

图 5-44　装配式窑洞示意图（2）

图 5-45　装配式窑洞示意图（3）

构成了一个相对完整的综合社区。

　　这一聚落单元占地约 100 公顷，有 300 口窑洞，以每户 4 口人，共有 1 200 人的居住容量，相当于一个华北平原地区行政村规模。由于多数建筑被埋在土里，我们从外观上只能看到坡地上的几排别墅型窑洞，几处玻璃穹顶，大部分为树林、运动场、草地、溪流，以及一些随意游荡的牛和羊。

　　小规模聚落取代不了一定范围内的区域公共中心，就像乡村中的集镇或城关镇，有许多为本地区提供服务的公共设施，如医院、学校、地区政府、文体中心、展览馆、商贸集市等，如果我们将遍布在黄土高原的聚落单元理解为城市的居住小区，那么区域中心就好比城市中心，或CBD。铁路应该是黄土丘陵地区中长距离运输的最佳方式。包括客运与货运，基本站点的间距应在20~30千米，服务半径在10千米左右，在此范围内以道路交通为主。就是说黄土高原理想的铁路网密度在每100平方千米有10千米，300~400平方千米有一个铁路交通枢纽，是交通集散中心，也会成为区域公共中心。区域中心人口3万~4万人，用地规模在8~10平方千米，包括一所大学或职业学校、几所高中，以及区域中心的其他职能机构，需要一些大型公共建筑。这些公共建筑将形成黄土高原最富有地方特色的空间形态。

　　好建筑是艺术品。青藏高原的一群喇嘛大概从未想过他们为自己的活佛建造的宫殿没有让他们的主人名垂青史，却让宫殿本身成为不朽的杰作。是山成就了布达拉宫，借势是建筑师常用的手法。位于卡塔尔首都多哈的伊斯兰艺术博物馆或许受到台地的启发，这种形体的塑造也会给台地建筑以启示，黄土高原的建筑形式与空间形态也会反映出这里特有的地质构造与地形地貌。由于这些巨大的黄土堆不像岩石那么坚固，整体的开发建造不是建"筑"，而是"塑"，为了维持堆积结构的稳定性，可能更像是一种沙雕的制作。

　　区域中心规划建设的原理与聚落单元类似，但在规模、空间形态、竖向、使用功能、以及建筑形式等，变得比前者丰富多样（图5-46）。如果还在同样的区域将范围进行扩展，并在对外交通条件中多一条铁路车站或高速公路进行规划，降低中部山梁的高度，扩大空间范围，可以形成大型交通集散与公共活动广场，大型公共建筑，这些建筑可以充分利用坡地结合现代建筑技术与工艺，创作出富有本土特色的形式。例如，依山而建的斜坡玻璃幕，利用黄土峁作为基座建造观光塔（图5-47、图5-48）。

图 5-46 黄土高原的公共建筑空间形态

玻璃幕
光伏电池组

图 5-47 依山而建的斜坡玻璃幕

　　无论是黄土丘陵小规模的聚落单元还是区域中心，交通体系与现代城市的主要区别在于，它是一种多层次的立体交通。应该有一个大地基准面，以纵横交错水平道路为主，各单体建筑的垂直交通，即楼梯、电梯及自动扶梯等自成体系。而前者则在场地竖向上分为几个基本层面，

图 5-48 太阳能板与房屋、地形结合

各层之间会有许多公共楼梯（台阶）、电梯等，不再限于建筑单体内部（图 5-49、图 5-50）。由于地形起伏，这里的交通将是另一番景象。地面水平交通与垂直交通共同构成立体交通网络，台阶、坡道成为主要步行系统，户外自动扶梯、索道甚至游戏场的摩天轮在这里成为普遍的交通工具，我们习惯的小汽车在这里的数量会比城市少许多，轻型飞机、飞艇会大量出现，甚至连骑马这种古老的交通方式也可能再次出现。

图 5-49 体现丘陵地貌的建筑群与台地（1）

图5-50　体现丘陵地貌的建筑群与台地（2）

利用黄土丘陵的梁峁、沟壑，不可避免地要进行填挖，常规使用的工程机械与大自然的山丘毕竟不在一个量级。利用挖掘机、装载机进行"削山造地"，虽然有"人定胜天"的气魄，但还是有些杯水车薪。大规模地形改造应顺势而为，借力打力，通过定向爆破、注水等方式，人为制造或利用滑坡、塌方，消除不稳定因素，获得我们所需要的坡度是需要探索的途径（图5-51至图5-53）。

图5-51　台地建筑群构想模型（1）

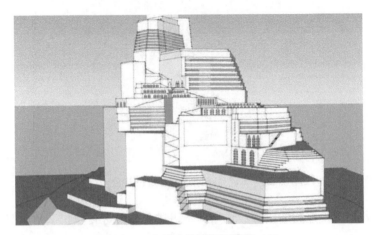

图 5-52 台地建筑群构想模型（2）

图 5-53 台地建筑群构想模型（3）

生态修复

据史料记载，历史上兰州市南北两山并非荒山秃岭而是一片森林遮天、植物茂盛的繁荣景象。后来由于历经战乱及自然灾害和人为乱砍滥伐的破坏，导致了西北地区的严重荒漠化、沙漠化。辛亥革命后，一些有识之士开始认识到西北水土流失将会给国家和人民带来巨大灾难，倡议植树造林改造河山。

1926年，甘肃省府建设厅厅长带头倡导人工造林，绿化兰州南郊。为了纪念逝世的革命先行者孙中山先生，将五泉山一带新植林区命名为"中山林"，在西北黄土高原首创大面积植树造林先例，从此，开始了近一百年的南北两山绿化工程。

1942年，在徐家山开始荒山造林，种植白榆、红柳、侧柏、刺槐等。经过多年惨淡经营，到1950年统计时，共造林391 005株，成活98 744株，历年保存率为25.25%。至解放初，南北两山几乎仍是荒山秃岭，生态环境十分恶劣，有"皋兰山上一棵树，白塔山上七棵树"之说。

从20世纪50年代开始，兰州人决心改变这里荒凉的面貌，从黄河凿河背冰上山融水植树。1956年3月，陈毅元帅率中央代表团赴西藏途经兰州时为市民背冰担水植树造林的壮举所感动，写下了"甘肃绿化积极甚，植树担水上皋兰"的赞美诗句。但由于自然条件严酷，至1982年年底，仅存活各类树木100多万株，面积不足万亩。截至1999年年底，造林绿化面积达14万亩，两山工程区森林覆盖率达到17.5%。2000年，国家立项支持实施兰州市南北两山环境绿化工程，造林33万亩，投资 6.6 亿元。至 2004 年南北两山绿化总面积达到 58 万亩（其中灌溉造林 23 万亩），林草覆盖率达到 80.6%，基本改变了兰州荒凉的面貌。

南北两山生态建设的历程与城市的建设发展息息相关，承载着兰州几代人的艰辛与希望，城市规模与空间布局的扩展使南北两山生态建设与之相伴。黄土高原生态退化的过程超过了上千年，也是人类索取资源"锲而不舍"的历史，恢复起来也不在一朝一夕。我们从南北两山近一个世纪的生态建设历程中看到，没有强大的经济实力、技术手段，以及人的切实需求，仅靠愚公移山的精神虽然感人，结果却往往是杯水车薪。在获取不到直接的收益时我们很难调动全社会的力量，南北两山生态建设最具成效的时期是在 2000 年，国家投资 6.6 亿元后的几年才有了明显的改观。

人们对生态环境建设有一个逐步认识的过程。过去人们只是简单地认为生态建设就是植树造林，这是基于日常生活中的体验，这种体验往往是在生产力不甚发达时，在居住地周围的房前屋后种植一些花草树木来改善、提高和美化人们的生活环境，这些花草树木需要浇水施肥等维护，对于小范围人工环境是可以承受的。随着社会经济发展和环境变化，人们对自然环境的认识逐步深入，才意识到事情并不那么简单，有时不合时宜抽取地下水大规模植树造林，降低了地下水位，反而破坏了原有的植被，而大规模人工灌溉又不可持续，学者形容其"绿了一条线，黄了一大片"。真正意义的生态修复是将遭到破坏区域的植被恢复到某一个历史时期的自然状态，而这一状态在未来是可持续的，这就要看当前和未来的气候条件，尤其是降水。当植被得到一定程度的恢复后，下垫面对阳光的反射就会减弱，气温会降低，空气湿度和降水就会增加，反过来又会进一步促进植被的生长，气候条件就会有所改善，进入良性循环。如果说犁耕时代由于人的侵入使这里的生态环境遭到破坏，那么未来的开发建设则是人们向自然"还债"的过程。

黄土高原居住区的开发建设也是生态修复的开始。我们从聚落单元的方案构想中可以看出，聚落建设的过程也是地形改造的过程，将坡地改造成台地，不仅有利于人工种植的实施，也有利于减少地表径流。人们先是用从苗圃地选来的苗木进行人工繁育，在培育、施肥、灌溉时，在人工条件干预下，会意外发现那些长眠在土中，或被风吹来的，经过千万年自然选择的原生、野生物种被激活。当它们逐步演替成为这里主要植被类型时，群落结构就会趋于稳定，需要人工灌溉的只有谷底和人们居所的周围的菜地、农田和果园。当人工聚落逐步在黄土高原发展起来，绿色植被会与之相伴地蔓延开来，水土流失就会停止，黄河也不再那么浑浊，甚至有可能实现季节性通航。在对黄土高原进行大规模开发建设中，除了人们居住地周围的小范围人工环境，还是要通过适度的人工干预，比如初期采用开水平沟、人工种植与灌溉等措施，并逐步减少灌溉水量直到野生植被得以恢复，进入一种自然的演替状态。

黄土聚落形成

如果不着眼于未来，摆脱城镇化固有的思维模式，或习惯地认为一定要有某些产业作为依托才能形成聚落，就很难想象黄土聚落的形成与存在。经济发展并不等同于社会进步，有时甚至会像工业革命一样使文明付出代价。文明进步是一种叠加而不是替代，那些值得我们怀念和向往的生活应该得到恢复，这一理想正如霍华德的田园城市一样，是文明发展的动力。黄土聚落正是基于这一理念才体现出它的价值，这不是历史的倒退，而是在强大的物质文明支持下的"升级版"回归，是文明发展的分支。

银河九天

南水北调工程是把长江流域水资源分东、中、西三线抽调一部分送至北方水资源短缺地区。工程规划最终调水规模 448 亿立方米，其中西线 170 亿立方米，供水目标主要是解决涉及青、甘、宁、内蒙古、陕、晋等 6 省（自治区）黄河上中游地区和渭河关中平原的缺水问题。在长江上游通天河、支流雅砻江和大渡河上游筑坝建库，开凿穿过长江与黄河的分水岭巴颜喀拉山的输水隧洞，调长江水入黄河上游。2014 年 12 月中线工程通水，2013 年 11 月东线一期工程通水运行，西线工程截至目前尚处于规划阶段。

该项目实施对于干旱少雨的黄土高原无疑是银河落九天。每年 170 亿立方米的水被调配到黄河上游，这些水量接近黄河流经兰州的总量（190 亿立方米），后者是黄河 580 亿立方米总量的 1/3，如果采用先进的节水灌溉技术，新增水量可以改造 1 亿亩农田，至少让 3 000 万农民获得稳定的收益。不过这里复杂的地形条件不利于水利设施建设，提水灌溉需要电力驱动，使农业生产成本居高不下，收益大打折扣。如何利用好这些水，使其发挥最佳效能成为这部分水资源有效利用的关键。

在黄土高原 64 万平方千米中，理论上应该有 3 亿人的生活居住容量。

不过有容量是一回事，能否形成这样庞大的聚落就是另一回事，我们最直接的反应是有谁愿意到如此荒凉的地方，在这里能做什么，那将是一种什么样的生活？这些简单的问题也是根本性的问题。

人们应对能源枯竭与环境恶化有两种途径：一是发展可替代能源，

包括风能、太阳能等清洁能源，二是寻求低碳的可持续生活方式。新能源使用成本，尤其是采暖制冷在人们生活消费中所占比例越来越高，使人们不得不考虑重新选择居住地，发展低能耗的住区是必然选择，而黄土聚落的建筑体系将越来越显示出优越性。同时，南水北调西线工程将给这里带来新的发展机遇。

供人们生活用水无疑是最直接、最有效的方式。按照城市规划相关技术标准，北方地区人均生活的综合用水量每天约 200 升，170 亿立方米可以供 2 亿人生活。在整个黄土高原，黄土丘陵占 40%，约 25.6 平方千米，其中<25°的坡地约 20 万平方千米，加上长城以北的河套地区，包括毛乌素沙漠和库不齐沙漠，都是具有开发潜力的地区，按照规划模型推算，以每平方千米容纳 1 000 ~ 1 500 人，理论上就会有 3 亿人的容量，这些人口也包括现有的 1 亿多人口重新安置，就是说这里至少还有近 2 亿人口的吸纳能力。

无形的手

混凝土中存在大量微小的孔隙，里面含有水分。在温度低于 0℃ 时会产生冻胀，温度回升后就会产生一些细微的损坏，不断重复，混凝土就会变"酥"，逐渐失去作用。建筑材料学有一项混凝土的冻融试验：对一个试块的环境温度在 0℃ 上下进行反复冻融，相关技术标准规定经过 25 次以上冻融没有损坏的即为合格，这决定了混凝土的使用寿命。混凝土建筑大多都处于这样的室外环境中年复一年，再加其他因素，如钢材的锈蚀、设备老化等等，因此一般建筑的设计使用期限为 50 年，一些比较重要的大型公共建筑，采用较高的技术标准可以达到 100 年，但代价往往比普通建筑高得多，但提高技术等级在经济上不一定不合算。

黄土聚落的建筑体系属地埋式，混凝土构件基本处在恒温环境，使用寿命可以和我们已知的地下墓穴、洞窟类比，少则几百年，多则上千年，相对于既有建筑，可以称得上是永久性的。聚落的建设成本，包括各类建筑、基础设施与环境改造，与既有建筑大体在同一个数量级，在给水与道路工程方面可能要略高一些，但建筑工程造价不会比其既有的建筑高，甚至要低。一栋高层或普通多层建筑工程造价的大约 30% 要用于地基基础，其他部分用量均会比黄土聚落的建筑体系高，后者虽有大部分土方施工，但地基基础无须过多处理，因此两种体系整体造价相差不会太大。但如果将时间因素考虑在内，二者就不在同一个等级。我们至少可以保守地设定其使用寿命是既有建筑的 10 倍，即 500 年，那么单位时间的建造、使用成本就应该是它的 1/10，而建筑能耗不到既有建筑的 30%。整个建筑体系的使用成本，包括建造、维护与使用，不会超过既有建筑体系的 20%。

一套 80～100 平方米的普通住宅，每年采暖空调花费在 2 000～3 000 元，平均每月 200 多元，约占一个普通工薪阶层收入的 5%，费用如果增加一倍，对生活质量影响或许可以接受，但如果增加几倍，情况就不同了：火力发电和燃煤锅炉依然是我国电力、热源的主要生产方式，20 年后我国煤炭储量可能会接近开采极限，无论采用新能源还是进口煤炭，能源成本恐怕不是翻一倍，可能是几倍。如果翻两番，那么这套住宅平均每月采暖、空调的花费可能上千元，接近或超过一个普通人月工资收入的 30%，再加购房支出，一般家庭工作收入的近一半将会用于住房消费，而如果在黄土高原整个住房消费不会超过工作收入的10%，甚至更低，相比之下几乎可以忽略不计，从而具有明显的经济优势。

城市养老院支出成本主要有人员工资、房屋使用、采暖空调和饮食等几项，我们假设：

按比较合理的人员配备，包括失能、半失能与自理型老人综合考虑，每 6 人需要配备 1 名工作人员，这些工作人员包括管理、护工、杂工、厨师等，以人均月收入 6 000 元计，其中低技术工种人员比例较大，月收入假设在 4 000 元左右。每位养老消费者需要支付的人工成本 1 000元；房屋使用费包括房屋建筑的建造、设备等使用折旧，以每平方米5 000 元，使用寿命 50 年，平均每个床位建筑面积 50 平方米标准，每月支出成本为约 400 元。

上述四项基本支出总计每月 2 500 元，再加其他运营成本，每月养老总支出起码在 3 000 元左右，可以维持一般标准的养老生活。其中用于房屋消费，包括房屋使用与采暖空调共计 500 元，占总费用的 1/6，约 17%。如果能源价格翻两番，采暖空调支出达到 400 元，这里工作人员生活成本也会相应上涨，人工工资支出也会增加 200 元，养老总支出就会至少需要 3 500 元。直接和间接房屋使用占总费用的比例会接近 30%。在能源价格不变的情况下，如果是黄土聚落的建筑体系，其他费用几乎可以不变，我们只调整房屋使用费，将每月 400 元下调至 50 元，采暖费减少一半，再减去员工在住房消费所节约的部分，养老总支出约 2 200 元。相同的服务质量，三种情况的价格分别是 3 000 元、3 500 元、2 200 元。假如能源价格继续上涨，能源消费占生活成本的一半，从目前的形势判断不是不可能，是一种不错的选择。

在城市或村镇地区办一个厂，除了购置设备和购买原料，假如需要租一个通用厂房，附带仓库与办公室，雇一百名员工，按比较保守标准，厂房租金每年大约 50 万元，员工工资每月 4 000 元。在这 4 000 元里，如果正常家庭生活，至少有近 1 500 元用于住房消费，包括房租或月供。假定人均年产值 20 万元，即总产值 2 000 万元，那么制造商每年直接或间接支付的房屋成本有 240 万元，再加房屋空调采暖，总计约 300 万元，占年产值的 12%~15%。

如果工厂选在黄土聚落，投资人可以以极低的价格，甚至免费获得那些地下空间和部分窑洞的使用权，那些地下空间既可以是厂房，也可以作为仓库，其他主要的投资成本是设备、原料和较低的工资，工厂的运营成本就会降低 12%~15%，这对一个制造商来说可能成了企业竞争的关键。而在社区的工厂员工，在家门口每月收入 2 000 元，也要比外出打工的 4 000 元划算得多。

2014 年，国家能源局原局长在一次活动上表示，当前非常流行的云计算模式，属高能耗项目。他分析说，中国联通数据中心的能耗数据显示，该中心每年耗电 99 亿千瓦时。以中国目前标准煤的效能看，需要消耗 92 万吨标准煤才能提供足够的电力供数据中心的能耗需求。而中国电信数据中心年耗电 112 亿千瓦时，总计年需消耗 102.95 万吨标准煤。从全球范围来看，信息和通信技术的总耗电量大约占全球耗电总量的 8%。把世界上所有云计算中心的耗电量统计在一起，会出现惊人的结果（中国 IDC 圈）。

目前一个 10 万台服务器规模的云计算项目占地 5~8 公顷，主要包括设备机房、办公区、动力与空调车间等几部分，对机房的环境要求恒温恒湿，室内温度需要稳定在 22~24℃，除了 IT 驱动负荷，为冷却设备所用电力负荷占项目总能耗的 30%。利用这里地下空间建设数据中心——云计算项目，不仅可以节约一些土建成本，这些空间密闭性好，容易满足空气洁净度要求，而且是一种恒温环境，一个罐体就可以作为中心机房，周边罐体利用地热原理与之进行空气交换，用于空调的耗电成本比地面降低近 2/3。此外，如前所述，工作人员居住、生活成本也大幅度降低。整个营业成本，包括人工工资，比其他地区节约 20%，市场潜力显而易见。

对于居住、养老和其他一些并不过度依赖交通运输的产业，这里无疑具有成本优势。需要说明的是黄土聚落的开发建设必须是政府主导的国家行为，我们设定的建筑使用期限 500 年，对任何个人或企业的投资回报来说遥不可及，对企业来说一个项目投资运营超过 10 年都算是长期投资。这应该是国家长期的战略性投资，也可以理解为重大基础设施的延伸，例如对铁路、公路、水电的设施建设可以带动当地制造业及房地产的开发，而在这里，尤其是开发初期，可能需要进一步延伸到建筑的主体结构和相应的地形整治与生态修复，相当于一级开发，才能使民间资本介入，因为对于他们来说 500 年期限的权益实在难以想象。当然，这种开发建设不是轰轰烈烈的大跃进，是依托现有的城镇、村庄和人口，从扶贫搬迁、生态环境治理入手，通过主体工程的开发建设、产业培育，配套跟进相关激励政策和福利保障制度，立足于某些"点"，随着交通线和基础设施延伸，像树枝一样"蔓延"，是逐步生长发育和成熟的过程。

自然经济复苏

所谓失业就是一个面包作坊制作的面包卖不出去，面包师无事可做，没有了生活来源，自己也没有面包可吃。这里有一个前置条件：他制作的面包是用来交换而不是给自己和家人吃的，就是说失业的前提必须是商品经济活动，面包是商品，是卖给别人的产品。在男耕女织、自给自足的自然经济时代，如果一个人或一个家庭拥有生产资料，即自耕农"两亩地，一头牛，老婆孩子热炕头"，就不存在失业。

家庭厨房或许是城市当中自然经济仅存的硕果。还有其他诸如洗衣服、辅导孩子功课之类琐碎家务，只要是上班，都在为交换而从事专业化的工作，即所谓社会分工。即使在男耕女织的时代，商品经济也依然存在：女主人会拿出自己多织的一块布和一些鸡蛋——剩余产品，到市场上交换一些油盐酱醋。在纯商品经济和自然经济之间并没有明显的界限，只是各自所占的比重不同而已。如果面包有一半是留给自己吃的，那面包师只有一半的失业风险，另外，如果他制作的面包不是卖给这条街上的居民，而是由某个订货商取走，在外地销售——参与到更大的经济循环中，风险就会进一步增加。因此，规避失业的办法除了调整结构，就是增加自然经济的比例，或叫拉动内需，保留一定的"内循环"。《货币战争》让我们了解了一些世界金融体系和金融危机中骇人听闻的内幕（尽管有人以所谓阴谋论混淆视听），但在国家如何防范被"剪羊毛"的建议方面却显得有些苍白，有时让人感到好像也没有绝对保险的办法。俗话说常在河边走哪有不湿鞋，因为一旦融入世界经济就意味着交易、交换，离不开金融市场，总会有人兴风作浪，一旦出现问题，谁都无法独善其身，有时这个大市场背后的金融游戏就像大赌场，致胜的方法可能是主动"做局"，如果你不打算损人利己，保证不输的唯一办法就是不进"赌场"，但这样好像又会被主流市场边缘化，对于一个独立的经济体而言比较稳妥的办法无疑是出口导向与进口替代并举，内外循环兼有。

在我们构想的聚落单元的基本模型中，可以建造相当于 300 套标准单元面积的窑洞，几个大型地下储罐、一个温室大棚，还有道路。通过这些主体工程建设，形成沟谷的平地和山地梯田、台地，并投资建设电力、供排水燃气等基础设施。大约有 1 000 人的居住规模。

黄河水资源年总流量约 580 亿立方米，黄土高原至少应该拥有其中的一半，再加上南水北调的 170 亿立方米，这里人均拥有水资源量为 150 立方米，这个占地 100 公顷（1 500 亩）的聚落拥有的水量配额为 15 万~18 万立方米，其中一半是生活用水，另一半的 8 万~9 万立方米，以相当于约 300 毫米人工降雨量，可以灌溉 30 多公顷，近 500 亩土地。这些土地主要集中在河谷平地和阳坡的居住用地，以及一部分果园。假设居民首先来自本地或附近村民，规模在 600 人左右，包括老人、妇女、儿童，约 100 个家庭，再假定这里人口结构是均衡的，分别有 200 个成年劳动力，200 个孩子和 200 位老人，属于传统的三代同堂家庭。"十三五"期间我国将实现 5 000 万贫困人口全部脱贫，并计划对 1 000 万人口实施异地扶贫搬迁，其中就包括黄土高原贫困人口，这 600 人就属于这些人。

假如一个叫王龙的人是扶贫搬迁的首批受益者，他和妻子阿兰常年在城里打工，两个孩子由家里的两位老人勉强照顾。根据扶贫搬迁政策补贴，王龙和其他村民搬进新居，这些新居大约占窑洞建筑面积的一半。另一半由社会福利机构或专业养老机构进行二次开发，由村民委员会与养老机构共同组成养老社区，建一批老年公寓，有 600 个床位，这里也包括王龙自己的父母。如果阿兰与她的丈夫一起回到社区，她可能和几个关系要好的姐妹自发组织一个小团队，主要照顾一些生活可以基本自理的老人，服务对象在 20~30 个，相当于一个"班级"规模，便于团队成员分工协作。她们白天打扫卫生，帮老人选购物品、换洗衣服、订餐，以及协助健康检查等等，有时会把衣服或床单带回家去洗，晚饭后会到老人的屋子里转转，跟他们聊天，计划明天要做的事。

这样的小团队或小组在社区会有二三十个，服务的形式也是多样化的。平均每个从业者至少可以照顾 5 位老人，服务需求各异，一些家庭变成了养老服务专业户，如果一位老人平均每月支付 300 元服务费，从业者月收入为 1 500 元。再加国家给予的 600 元基本保障，阿兰月收入 2 100 元。包括王龙在内的 50 个村民可能承包社区的菜地和温室大棚，还有几家专业养殖户，利用林间空地和公共草地养殖奶牛或家畜，社区 500 多亩农田和林地生产的瓜果蔬菜及其他农副产品主要供给社区居民。这些农副产品一半是村民自己消费，另一半由养老群体购买，如果换算为服务价值，比方说在老年公寓门前的菜地由王龙这样的专业户打理，老人只是动手自己采摘，相当于一个劳动力服务于 12 名对象，如果每人每月收取 150 元费用，王龙每月可以收取 1 800 元服务费，再加 600 元基本保障，月收入 2 400 元。

王龙夫妇的收入看上去要比在城里打工的少一些，但实际的生活水平要提高许多：做一名普通装修工平均每月 4 000~5 000 元，做家政、当保姆，平均每月 3 000~4 000 元，两人加起来平均每月 8 000 元左右。租一套便宜居所每月也需要 1 000 元，买菜自己做饭也至少需要 1 500 元，再加上工作地点可能经常变化而四处奔波的交通支出也是一笔不小的开销，再考虑收入的不稳定因素，实际收入比在家里多不了多少。更重要的是，在异地打工当保姆要么四处奔波，要么寄居在"主人"家里，处境尴尬，没有社会地位，而在这里她们是主人，她们有家有孩子，过着正常的家庭生活，不再会有留守儿童与空巢老人这样的社会问题。

低收入养老群体的消费可能是这样：如果一个人到了退休年龄，也没用什么存款，仅靠目前的 600 元基本保障是不够的，需要购买一些基本的服务，政府会增加一部分补贴，比如将基本保障增加到 800 元。每月房屋消费 50 元，蔬菜副食品 150 元，服务费 300 元，基本生活支出 500 元，剩余 300 元用于购买粮食和衣物，以及其他生活用品和零星支出，如果仔细算算，老年人对社会资源的消耗量是相当小的，在这里 800 元是能够达到基本保障的。随着国家经济实力不断上升，他们的生活水平也会跟着水涨船高，如果老人曾经有工作，有额外退休金或存款，或得到子女的资助，月收入能有 2 000～3 000 元，生活就会比较富足，在这里省下一半的收入会去旅行。

目前养老机构的工作人员中，护工主要从事体力劳动，工作繁重而收入又很低。随着科技进步，这部分工作应由高度的智能化系统承担，例如智能型自动护理床、带有与污水管线连通的坐便器，和协助老人起身、翻身的自动感应装置，以及机械臂、视频对话等，将来这种智能型护理床的制造成本不会超过一辆小汽车，以每台 10 万元计，使用 10 年，每年使用费 1 万元。还有送配餐、打扫卫生的机器人等，都可以将护工从大量繁重的劳作中解放出来，转而将大部分时间用于对老人的陪伴和交流。护工配备比例也可以降低，整个养老工作人员配备比例大约可降至 1：10，这也比较符合我国未来严重老龄化的现实，从业人员的收入也会提高。此外，政府在社区会设置一些公益性岗位，主要负责公共事物管理，也包括环境卫生、基础设施、公共林地与草地的维护，比如中心区林草地有七八公顷，是居民户外活动的场地。这些工作虽然收入不高，但至少多了一种选择。

在人们正常食物结构中，瓜果蔬菜占了一半，粮食谷物类约占 1/4，其余 1/4 为肉蛋奶等高蛋白食物。这里除了粮食谷物类之外，食品原料基本都由社区的养殖、种植专业户提供。新鲜蔬菜含有90%水分，在储运过程中保鲜损耗是惊人的，据悉超过1/3甚至更多，通常菜农卖出的番茄如果每千克2元，到消费者手里至少需要5元，就是说同样的蔬菜消费量，社区自产自销，费用不到城市的40%。这里的农副产品大部分不是用来交换，而是一种自给自足的方式，不仅避免了人们对食品安全的担忧，而且明显地降低了成本和能源消耗。

我们从上述构想的聚落中可以看出，这个基本经济单元分为两个部分：一部分是本地村民自给自足自然经济，另一部分是养老服务产业，是商品经济。假如没有这一部分外来养老群体，村民只能维持最基本的温饱，而这必须是在国家的基本保障下才能做到的。假如王龙和阿兰都是独生子女，而他们的父母就会成为"外来"消费群体，这里人口变为800人，有400位老人、200成年人和200个孩子。这样的人口年龄结构好像正是我国当前的状况，少了200个"客户"，收入会下降1/3，但至少2/3是稳定的，关键还是国家基本保障起到"压仓石"的作用。同样的收入和其他地区相比生活成本要降低许多，生活质量也就可以提高。不过这只是设想中的一种极端不利的情况。

在聚落构想的模型中，还会有几个大型地下储罐和富裕出来的一些新型窑洞建筑，这些成本极低的使用空间不可能没有用途，我们只是在其中设想了养老产业。节能优势会吸引一些互联网企业利用这里的地下空间建设数据中心。一些企业的远程控制中心可能选择在这里落户，例如一些矿区、林区，甚至工厂，工作人员通过视频实时观察作业情况，现场值班以轮换方式，监控室也是轮流值班，他们会定期被派驻现场。这些现代高科技企业的员工居住在新型窑洞中，户外是田园环境，与村民最古朴的生活融在一起。

就像生态系统，一个大型经济体的产业门类越多，层次越丰富，结构就越稳定，综合实力与抗干扰能力越强。虽然我国是制造业大国，但还会在一些低端的制造领域占一席之地。黄土聚落生活成本低，人们的心态比较从容，基本保障和农业生产可以维持一家人的正常生活，从某种程度说工作不是生活所迫，而是一种提高生活水平的需求，本着一种"能挣多少算多少"的心态，也许会在手工工艺方面，例如编织、传统刺绣等表现出兴趣，会在产品的性价比方面显示其竞争力，产品一时卖不出去也不会对她们的生活造成太大冲击，就像我们在前面所说的招投标中的情形，这种自然经济与商品经济的混合体显示出一种相对的抗干扰能力。

当然也会存在这样一种情况：那就是像"犀利哥"那样的失业状况，在这种聚落单元中缺乏对外市场，也没有能力和王龙一样的承包户竞争，但可以照顾自己。除了基本生活保障，至少可以在自家门前种点菜供自己享用，以及其他力所能及的事，至于能否成家、生儿育女，那就看他的运气，虽然只是极少数，但至少有一个基本的生活着落，也可以将其纳入被照顾群体。

主流社会

1965 年年底，山西临汾地区一个叫秦村的地方正在建设一座发电厂，基建施工中出现大量刻有文字符号的石片、玉片，在这种悠久历史的地区，人们对文物有着天生的敏感，于是现场立即被保护起来，省文物工作委员会的工作小组很快进入现场。这些碎片上的文字虽然字迹清晰，但像天书一样无从识别。联想到这一地区是春秋时期晋国遗址所在地，工作人员感到事关重大，于是派人带着一些碎片去了北京，找到中国社会科学院考古研究所，向最高的学术权威机构请教。可以想象一位资深学者看着眼前的这些神秘的文字沉思良久，最后建议来访者去找一位叫张晗的人，告诉对方或许只有他才能破解这些文字，而且这个人就在山西，曾是太原考古研究所负责人。张晗随即被抽调回来负责破解这些没人看得懂的文字，于是五年之后就有了后来被称作新中国成立以来十大考古发现之一的《侯马盟书》。据悉这也是迄今为止全世界最早的一部比较系统而完整的政治盟约。张晗个人的一张早期照片显示他像是一个爱钻牛角尖的、内向而执着的典型山西少年，当时是一个刻印章的学徒。刻章就会碰到许多稀奇古怪的文字，为了对付这些文字，倔强的少年下决心要认识所有这些字和它们的各种写法，从每天背几个字开始，年复一年，最终磨砺成了一名文字专家，再后来取得了他在历史方面，尤其是晋国历史研究独树一帜的成就。有趣的是当记者问他假如有机会重新选择自己的职业，还会做考古这一行吗？这位耄耋老人非常认真地说，如果让他去晋国，他能找到一份相当不错的职业：在他不大的屋子里随意摆放着各种各样稀奇古怪的东西，他随手拿起一杆秤展示给记者说，这是他按照当时的形制自己动手用麻绳和一些简单材料制作的。此时无论观众还是记者都感觉有些恍若隔世，说不上是老人穿越时空来自晋国，还是我们跟随他去了久远的世界。

其实每个人在尘世的喧嚣中都梦想能够过一种他们曾经拥有、熟悉、和喜欢的生活，这就是为什么《桃花源记》能在人们心里引起共鸣。一个人经历不一定丰富，或许一些人只是保留了不多的儿时记忆，而艺术家为我们展示的令人向往的生活，通过各种方式予以表达，也在引领我们在可能的情况下体验这种生活。比如在 20 世纪 70 年代一部美国科幻电影《未来世界》，电影中表现用高科技手段打造的"未来世界"旅游胜地，有一处旅游项目营造了一个西方中世纪的生活场景，包括机器人装扮的居民，游客也穿上骑士服装，带着佩剑漫步其中，会遇到一些挑衅并参与决斗，当然最终游客会获胜。又比如像大型实景演出《印象刘三姐》、美国电影《指环王》中的霍比特人的田园生活，创作者受这种潜意识驱使，表达了人们对另一种生活的追求。

有需求就会有市场，许多旅游项目也由此运用而生。像大观园、形形色色的度假村、农家乐、采摘体验等，这些项目正是我们潜意识中想要恢复的一种生活方式，只是目前仍处在一种萌芽阶段。从这些不太成熟的项目中可以感受到人们一种普遍的对某种生活价值的认同，目前我们的物质条件并不成熟，那些显得有些粗糙肤浅、甚至造作的项目只能提供给为数不多的有些闲钱和闲暇的人进行蜻蜓点水式的旅游消费体验，无法替代人们需要的真实生活。即使这样，如果我们在一年当中有一周时间在度假，也相当于有近 2% 的人（次）进入了这种生活。至于这种所谓真实生活会以什么方式演变，就要看一些特殊聚落的产生过程。

在科技与生产力高度发达的未来世界，多数人可能会从事艺术，未来学中的这种推测得到了许多学者的认可。在北京有一些不入流的画家，他们在以学院为主体的艺术领域没有什么地位，甚至没有工作和稳定收入，希望有一天也能扬名立万。于是先有一两个人在城市比较偏僻的地方找到一家倒闭的工厂，租下其中一间厂房作为工作室，埋头潜心创作。由于这种车间厂房空间宽敞、采光又好，工厂的留守人员也乐得这里有点人气，房租几乎是象征性的，于是这里成了创作者的天堂。现代艺术与废弃的工业厂房构成一幅奇异的氛围，越来越多的画家聚集在这里，一些艺术爱好者、新闻媒体也将目光聚焦在这里，"798"艺术中心就这样产生了。嗅觉灵敏的投资人在这里发现商机，各种标榜现代艺术的酒吧、咖啡屋、艺术沙龙、纪念品商店开始出现，房屋租金开始轮番炒作，最早来这里拓荒者们已不见踪影，他们先是"转战"于宋庄，又给一个名不见经传的村庄像"798"一样带来商机，随后又被投资者驱逐，再后来听说在河南和其他地方也有过类似的画家村，也是由于房价上涨，当地村民和艺术家之间闹得不可开交。这些艺术家充当了毫无回报的探路者。

　　投身艺术的年轻人不在少数，学费也比其他专业高得多，再加上考前各种收费的辅导班，教育成本要比其他专业至少高出50%。不幸的是艺术市场似乎只有第一没有第二：如果有100个人会吹笛子，能在舞台上给大家表演的只有一个人，否则就没有明星可言，但这一个人是在100人当中脱颖而出的，没有这些人就没有明星，就是说在商业方面从艺者取得成功是极少数，从投资角度看这显然是高风险行业。不过也不是所有人都想当明星，他们中的大多数人当初选择投身艺术是因为喜欢，就像我们小时候或多或少都接触过几样乐器或画过几笔，或像爱因斯坦在闲暇时间拉一段小提琴自娱自乐，能给我们的生活带来不少乐趣，如果不是因生活所迫，也不是被追名逐利的商业社会裹挟与放逐，"798"的拓荒者会一直在那里生活下去，他们中的绝大多数一生像我们一样怀揣梦想，都会默默无闻，虽然没有什么出众的才华——因为人们喜欢的未必就是他们所擅长的，这是许多人所希望的生活。

　　这种生活需要物质基础，这也应该是科学技术与生产力发展带来的社会进步所追求的一个不可或缺的目标。我们设想一下几个毕业于美术学院的年轻人，他们"志同道合"，不想去上班，服从于所谓现代企业管理制度，不想被到处充斥着金钱的凡俗世界所干扰，靠政府提供的基本生活保障，在黄土高原租一个窑洞，潜心修炼他们所喜欢的艺术，过一种无拘无束的田园生活——就像普拉斯托夫一样。他们或许会过一种半自耕农式的生活，有人不一定进行独立创作，只是一直喜欢临摹某位大师的作品，也时常将自己的作品拍成照片发布在网上或一些专业的小商圈、客户群，在这种无压力或少压力状态下，可能会产生一批令人赏心悦目的作品，更重要的是在此能够拥有一种健康的生活和良好的艺术氛围。如果这是个画家村，或许还会出现音乐村、钢琴谷、书法村、杂技部落、文学社等自发的艺术群体，更有可能是各种形式混杂的艺术聚落，进而还有可能出现影视基地，艺术院校、培训中心等。其中也不排除一些团队为节省资金打算在这里进行长达几年的封闭式研发、创作。比如《白鹿原》的创作过程就是作者在翻阅了黄土高原一个县的地方志，感到其中隐藏着骇人听闻的隐情，于是给城里的家人作了一些交代后，在一个村庄的窑洞里将自己关了几年，写出了这部惊世骇俗的作品。当然，这不是要人们都像陈忠实一样把自己关在窑洞里，其他人如果也跟着这么做，就会出现一大堆傻瓜。尽管如此，这里仍然会聚集所谓不入流的艺术家、爱好者、学者。

什么是主流社会？我们通常理解为社会的主导力量和主要生活方式。比如医院的医生护士，学校的教师与学生，以及他们的主要活动。如今是市场经济，以财富为核心的人与事，形成当代主流社会。不过越往后我们就越不容易以人数的多少来判断主流与非主流，比如在一个演播大厅，台上的少数是节目主持人、社会名流，台下的多数是观众，而还有一部分后台技术人员负责节目的录制、编辑、数据传输，这些复杂的技术只有在那些专业的电信工程师的操作下才能运转，是这些不露面的人在背后操控一切。观众、演员、技术人员，究竟谁是主流，或者他们都是？

直到有一天当人们已经看腻了"春晚"的小品，对那些只见走红地毯而不知道究竟扮演过什么角色的明星们失去兴趣时，对马云的成功秘诀不再抱有什么幻想时，或许对一个街拐角出现的一个卖爆米花的小贩，支起一个带风箱的小煤炉，在上面不停转动的黑色圆筒，以及对其惊心动魄的爆炸表现出前所未有的关注时，还有在它周围纷纷出现的街头杂耍、斗鸡打牌、观看自编自导的"微电影"节目时……总之，当公众的注意力开始回到自己身边，不再被所谓主流媒体、主流经济、主流生活所主导时，谁又会是主流？答案是没有主流，或者说越来越不明显。那些曾经的"主流"依然存在，只不过人们又多了一些选项。社会进步不是替代而是叠加，不会因为电影的出现而使现场的话剧表演就会销声匿迹，即使令人恐怖的奴隶制社会也为我们留下了维护社会秩序的文明遗产——监狱就是例证。随着文明程度的进一步提高，从事实物生产的人口比例就像演播大厅后台的技术人员一样越来越小，从人口数量上看，教育、养老无疑将是我们未来的主导产业，但也只是其中之一。而对生活方式的选择，在不断提高的物质文明基础上可谓丰富多彩，那些男耕女织、《桃花源》《印象刘三姐》《白鹿原》，甚至《红楼梦》中的生活场景有可能在生活中再现。

发展转型

    克拉玛依是一座石油城，是全国最富有、居民生活质量最高的城市，2014 年人均 GDP 超过 3.6 万美元，可以说在全国城市中遥遥领先，只有 20 万人的市区就拥有 200 多个室内体育场馆，每到夜晚位于政务中心的"凤凰涅槃"雕塑显得美轮美奂，这是由著名的韩美林大师前后花了近 7 年时间呕心沥血之作，整个创作过程可能比他设计奥运会"福娃"还要艰难，只不过在此期间他在全国其他地方也同时创作了许多与之非常类似的作品。据悉"凤凰涅槃"工程造价 2 000 多万元，设计费 600 多万元。这种豪华的城市家具、公共建筑、公园、街头绿地在克拉玛依比比皆是，"凤凰涅槃"只不过是其中之一。2014 年市政府请一家著名的英国设计公司设计了一个占地约 300 公顷的公园，设计方案是先利用地形建一个人工湖，选择湖面最宽的地方将原有的道路挖走，再架设一座近 2 千米长的大桥，整个公园投资约 40 亿元。这一近乎疯狂的计划据说因受石油价格下跌影响，财政紧缩而不得不简化，才没有莫名其妙地出现一座造价近 14 亿元的"风景"大桥。

    对于资源型城市，这样的繁荣能维持多久，城市经营者心里应该有数。资源枯竭时会像他们许多人的故乡——玉门市一样难逃"人去楼空"的命运，因此十几年前克拉玛依就在市区南部选择了近 200 平方千米荒地投入巨资进行开荒，打造"大农业"项目以支撑这里的可持续发展。但这一地区属准格尔盆地，气候严酷，干旱少雨，一年四季狂风肆虐，荒无人烟。水由"引额济克"，即额尔齐斯河穿越古尔班通古特沙漠 500 千米的水渠引入，在这个水比油贵的地方，打造人工环境的代价是高昂的。

决策者们最终会在当地游牧民族，逐水草而居的哈萨克和蒙古人生活的启发下明白过来：既然油已经采光就应该像他们一样选择离开，不妨审时度势改变经营策略，与其花巨资打造大农业，不如建造一批储油罐，在国际油价低迷时减少油田开采量并大量进口，形成新的人造"油田"，实现人和财富转移。除了石油，其他资源型城市也会面临类似问题。如果在黄土高原选择一个沟壑密集的区域，比如像西海固这样全国最贫穷的地区，与当地政府协作，圈一个范围上千的平方千米土地，利用这些沟壑建造许多大型地下储罐。沟壑被填平，顺势将整个区域地形整理成缓坡台地，至少可以建造 300 多个聚落单元，这些聚落除了一些供自己使用的菜园地，可以变成人工草场，适度放养一些牛羊，成为近 10 万人生活的人工牧场，而聚落另一项重要职能是牧场下面的石油储备库，当地可以从此与贫困告别。

战略石油储备制度起源于 1973 年。当时，由于欧佩克石油生产国对西方发达国家搞石油禁运，发达国家联手成立了国际能源署。成员国纷纷储备石油，以应对石油危机。当时国际能源署要求成员国至少要储备 60 天的石油，主要是原油。20 世纪 80 年代第二次石油危机后，他们又规定增加到 90 天，到 2007 年美国、日本已达到 150 天左右（百度百科）。

我国每年石油消耗量大约 5.5 亿吨，已成为全球最大石油进口国，其中 75%依赖进口，而且还在增加，但储备只有 40 天用量。在价格相对低迷时进行大量进口储备即是经济策略，也是战略安全。建造数量庞大的地面储油罐，既需要场地，火灾危险性大，维护成本也很高，同时罐体的耐久性也有限，材料一般是钢板或玻璃钢，易锈蚀、老化，使用寿命一般 10~20 年，在平原地区如果大量使用地下储油罐，造价太高。黄土聚落在开发建设时会形成许多地下混凝土罐，每个容积少则上万立方米，多则十几万立方米，1 万个储罐就会有全国两年的原油需求量。

以每桶原油 60 美元、罐体以每立方钢筋混凝土综合造价 2 千元计，整个工程造价估计不到原油价值的 5%，不仅安全性好，维护成本也非常低，足以应对价格波动。黄土高原区位优势明显，从俄罗斯、哈萨克斯坦经新疆通过管道运输，或从中东海运至巴基斯坦瓜达尔港，再由新疆进入内地，都将首先汇集到这里，形成全国最大的石油储备基地。这些地下储罐不仅可以储油，也可以储存其他东西。比如，冷库、酒窖、沼气池，甚至监狱等，用途可能比我们想象的要多。

军旅文化

埃德加·斯诺在《西行漫记》里曾对窑洞有这样的描述：

所以不怕轰炸是因为在陕西和甘肃，除了普通房屋以外，还有很大的住人的窑洞、供佛的岩窟、防敌的堡垒，都有几百年的历史。有钱的官吏和地主在一千年前就修建了这种奇怪的建筑物，用以防御洪水、外敌、饥荒，在这些地方囤粮藏宝，挨过历次的围困。这些洞窟深挖在黄土岩或硬石岩中，有些有好几间屋子，可以容纳好几百人，是天造地设的防空洞，不怕原来是中国人民送给蒋介石去打日本人的南京新轰炸机的轰炸。红军大学就是在这种古老的洞窟中找到了奇怪而安全的校舍。

军事设施与军事基地，包括部队营地、机关、军事院校都是易受攻击的目标，如今普通的卫星影像图片都使多数地面目标清晰可见，30年前隐藏在深山密林里的秘密基地，即20世纪五六十年代出于国防安全考虑建设的许多三线城市，现在看来可能已经没有太大意义，反而给自己带来许多不便，因为通过"军迷"用手机上传的照片就可以实时跟踪航空母舰每天的建造进展。这些基地在和平时期也不可能一直保持高度戒备状态，但危险又往往来自于意想不到的时刻，如果这些设施选择在黄土高原"安营扎寨"，无论战争与和平时期，都是一种天然掩体，从外观看，与周围的其他社区也没有区别，正所谓"中隐隐于市"。现代城市即使面对常规武器也毫无抵御能力。"二战"期间的德累斯顿大轰炸保守估计有3.5万人丧生，市中心近90%建筑物被毁，遭到完全破坏的区域面积达 15 平方千米，东京大轰炸使城市 1/4 夷为平地……。一枚高爆炸弹造价可能只有几万美元，但可以摧毁造价数亿元的高层建筑或一座桥梁，一枚小型核弹就也足以毁灭一座城市，战争中的一方总是希望以最小的代价摧毁对方最有价值的目标。

黄土聚落对战争的抵御能力比较特殊。埋在土中的桶壳，即使像糖炒栗子一样翻来滚去也不易损毁，修复的措施顶多是扒出来重新安放，毁伤这样一个地区的设施需要付出的代价可能是建造他的数倍，从战争经济看得不偿失，因而这是一张无形的盾牌。在这里可以建设许多军事基地，也包括军事院校。

我国的国防预算虽然不到 GDP 总量的 1.5%，但也超过万亿元，排在美国之后。这些经费主要用于人员生活、设施维护、装备研发与更新、制造，以及各种级别与规模的训练，以保持军队的战斗力。不过随着军队越来越专业化、职业化，尤其在长期的和平年代，那些充满魅力的军旅文化与普通百姓的生活渐行渐远，"军迷"们也只能在屏幕上看到军队的英姿，远不如 40 年前"全民皆兵"时期军民融合的景象，那时的民兵训练随处可见，中小学生也会经常参加野营军训，现在只能在少得可怜的几个大城市的博物馆看到一些已经显得有些陌生的装备，青少年很少有机会去真实的感受和体验这种生活，也使报考军校的目标显得很抽象。

这些军事院校或军事人员、装备在和平时期也是一种教育资源，尤其是那些退役的装备，利用这些装备可以在这里建设一些开放式军事教育基地。中小学生会接受必要地国防教育与基本训练，这些大大小小、带有军事色彩的基地、社区遍布黄土高原，被规划设计成不同的演习场，比如有炮兵阵地、高射机枪阵地，有坦克训练场，有炊事班、报废的直升机、无人机训练场、伞兵训练营等，来自全国各地的中小学生、年轻人和军事爱好者可以在这里度过军训期或娱乐假期。这里很多小镇都设有不同建制的营地，每个营地可以覆盖上百平方千米，辖区范围人口规模10万~20万人。除了作为现役军人训练营，也是辖区民兵轮训集结地。这样的营地在整个黄土聚落可以有上千个，还有上百所不同类型和不同开放程度的军事、准军事院校，使这里具有浓厚的军事文化氛围。将来在黄土聚落可以看到许多人身穿迷彩服，这些不带领章帽徽的训练服可能是民兵组织参加集训时由当地武装部门配发的。人们平常也喜欢穿在身上，一是实用，二是表明其军人身份，同时还带着几分荣耀。

一个孩子高中毕业年满18岁时会拥有一张基本保障卡，假设每月有600元生活费，如果他没考上理想的大学，也不想复读，可以去辖区武装部报名参军，做几年的现役军人，复原后生活费可能会提高到800元，之后他还可以继续申请加入民兵预备役。每年会有两个月的集训，使他一直保持良好的状态，随时可以被征召。只要完成每年的训练任务，保障卡可能都会提高50元，如果能坚持10年不被淘汰，到30岁退役时就会有每月1 300元的固定收入。在此期间如果幸运地被选中参加驻海外的维和部队，服役一年可能会得到几万元的一次性高额补贴。

这里的孩子由于耳濡目染，包括中小学教育中增加了许多国防军事教育和野营训练课程，由大孩子组织的模拟打仗的游戏，观看各村、镇民兵之间的军事对抗比赛，看着比他们年长的孩子成群地从营地回来时穿着崭新的军装，绘声绘色讲述他们野外生存训练或参加军事演习，以及"偷袭敌营"获得成功和奖励、晋升等，或"被俘"如何受处罚的奇特经历，会让他们对军旅生活充满期待。

几年的服役不仅使他们体格健壮，学会守规矩，养成良好的工作习惯和自我约束能力，也可以熟练地掌握许多工作技能。这些预备役军人有些平时过着半自耕农生活，有的三五成群外出做些临工，或者在一些军事旅游项目中充当教官或导游。比如一些营地针对城市学生假期，开发一些军事旅游、体验项目，包括徒步、野外露营、军事战斗游戏等。

一个班组的教官或导游可以负责登记领取一些常规装备，甚至让游客乘坐教学实习用的装甲运兵车，或带一个旅行团队徒步穿越荒漠、森林、青藏高原，让学员或游客体验真实的军事生活，也是一种产业的军民融合方式。

这样，未来黄土聚落可以拥有200万现役军人，与我国目前军队数量相当，还有随时可以征召具有同样战斗力的上千万民兵预备役人员。沿用至今的屯垦戍边模式依然有效，只是这里的"边"不再是国境线，屯垦也不再是传统的行政管理体制，也可能更像沙俄时代顿河地区免税的哥萨克军役地，同时还可以得到政府生活补贴。

对国土防御来说，现代信息化条件下的战争已没有多少战略纵深可言，驻守边防的部队数量可能会越来越少，有时只是象征性的，更多的是监控、无人机巡航或卫星监测，或便于飞机起降的军用机场等设施。像"运20"这样的大型运输机一次可以运送60多吨军用物资，投送一个营的士兵，接近音速飞行上万千米，在3小时内从黄土高原投送到我国最边远的地方，同时发达的高速公路与铁路网也缩短了这里与边境的距离，而黄土高原又恰好位于我国地理中心位置。还有成千上万深埋在黄土中的巨型钢筋混凝土罐体，可以储存数量庞大的战备物资，包括燃料、饮用水、食品，甚至地下机库、军工厂等。这里可以成为全世界最大的内陆军事基地，在安全方面不怒自威，而且运行成本很低，可以以逸待劳。

冷战结束后由美国主导的国际安全秩序由于缺乏与之抗衡的力量甚至令盟友都感到沮丧，中国军事实力的上升将为世界增添一只新的和平力量，同时也会为自己创造良好的安全环境。另外，不想卷入别人之间的纠纷和内部事务的"各家自扫门前雪""清官难断家务事"的传统理念在中国人心里根深蒂固，也许恰恰就是这一点会赢得国际安全市场。在得到越来越多国家的信任时，我们派驻海外的维和部队数量也会增多，一些中小国家或许更愿意出资购买安全服务，有时也乐于接受双方认可的第三方部队驻扎在两国之间的"安全地带"，而我们在黄土聚落充足的兵源可以对外承接这样的有偿业务，从而得以保持良好的状态。

社区重塑

无论乡村还是城市，都依赖于能够创造财富的产业：农业生产依赖于土地，人们需要定居下来形成居民点；工业生产需要大量劳动力，同时为提高资源利用率也会集中消费群体，形成城市，一切由产业基础所决定。到了后工业时期，现代服务业成为城市的主导产业，包括教育研发、金融保险、文化娱乐等我们生活中的一切。在这一过程中，从产业的人口分配比例的角度看，城市由生产型逐步转化为消费型，直接服务于人的"生产"（教育）——"使用"（工作）——维护（继续教育、医疗）——"回收"（养老）构成社会经济的基本骨架。而城市养老院——工厂化的养老设施无论建造的多么奢华，老人都能时时刻刻体会到那是他们人生的终点站，一些人为了不拖累子女，或者不让他们担心，很不情愿来到这里变得郁郁寡欢，那些垂暮之年的人很快会在绝望中离世，"效率"的确很高。

完全市场化的社会分工使人们以往的社会生活、家庭以及邻里关系遭到了肢解，变得支离破碎。在城镇化进程中，由于社会生产的专业化程度越来越高，各领域、各门类，包括教育、学术研究的学科越分越细，人的工作往往被限制在极为狭小的领域，从而导致人的生活变成"两点一线"，不仅农耕时代几代同堂的大家庭荡然无存，邻里之间形同陌路，就连家庭内部成员之间也越来越缺少共同语言。市场经济让工作与生活分离，损害了人与人之间的理解、信任与情感，这是发展的代价而不一定代表社会进步。既然我们认识到自然生态系统对人类的生存有多么重要，那么社会生态系统也同样重要，也应该得到修复。当科学技术与社会生产力进一步得到发展，物质在不断丰富时，人的社会关系也应该随之有所改善，社会应该变得宽容并逐步走向人性的回归。

好建筑师不只是工匠。例如，对于吴良镛先生设计的菊儿胡同，我们不应仅仅将其理解为一种建筑形式或者某种手法，这也是在探索通过城市的空间规划与巧妙的建筑设计来构筑老北京的生活，这种无声的表达是对人的关爱与传统文化的眷恋。但我们也清楚毕竟时过境迁，这里的居民由于不可避免地被卷入现代城市快节奏的生活，上班族的邻里关系可能已形同陌路。我们常说要在城市重塑社区，就是恢复曾经拥有的生活，例如从前的大家庭和邻里关系，这种生活是建立在生产关系基础上的，假如没有生活与工作的实质性联系，那只不过是一句空话。同样，如果不摆脱我们已经习惯的城镇化思维模式，也就很难想象黄土聚落的形成与存在：黄土高原的养老聚落是由工作人员及其家属，包括他们自己的老人、孩子共同生活的群体，有人在放牧、管理果园、种菜，孩子们在草地和树林里玩耍，或帮父母为老人送换洗的衣物，有谁家的孩子结婚、或准备去上大学，或某人过世，大家参加葬礼，看到新生命的诞生……，这里起初可能只是一些粗茶淡饭，但他们可能回归一种自然和谐的社会生活状态。

第 七 章

大格局

城镇化发展战略并没有错，只是我们不得不考虑要转化近5亿农村人口对城市的压力。如果两大聚落在理论上有存在的可能，人口的转移至少增加了另一个方向，不再朝一种向心型金字塔结构演化，而是像细胞的有丝分裂一样呈现两个类型的极核，非农业化不再是单一的城镇化，而是经济发展与生活方式的多元化，在未来的城乡规划中中国将会增加一个新的基本类型，形成新的功能区划，人们的生活方式也多了一种选择，使未来的生活更加丰富多彩。

有丝分裂

城市规模也是经济实力的体现。巴黎人口1 100多万人，占全国总人口的20%，GDP总量占全国30%，东京人口更是高达3 600多万人，占全国人口1/3，GDP占全国一半。试想如果上海距北京不是1 000千米，而是100千米，哪一种情况更好，如果缩短至10千米呢？那就不用花数千亿元修高铁，也不用加开"复兴号"，两个城市合二为一，就像北京与天津如果合并为一个行政区，只是换了名称。问题不在于城市人口或空间规模大小而是人口密度，只是以原有的模式继续扩大肯定会带来麻烦。规划控制虽然对"大城市病"起到一定的缓解作用，但并没有从根本上改变大城市继续扩张的态势，人们还在不断向这里聚集，期间我们既没有断然终止其发展，也没有完全放开对它束缚。这种不得已的管控、政策的不确定性与时收时放，而且越收越紧，使土地供应与房地产市场的供需关系始终处在一种时断时续的紧张状态，始终让投机者有机可乘。

如今人口的空间分布呈现出明显的大范围聚集特征，城市规划学从产生之日起对它的各种猜测、研究和设想就没有中断过，有集中发展，有田园城市、有机疏散、卫星城、广亩城市等。事实表明城市化进程发展到一定阶段，人口不断向经济"热点"地区聚集，正如戈特曼和道萨蒂亚斯的分析，像大洛杉矶、东京或巴黎一样，在整个国家或地区范围内形成几个延绵上百千米、人口相对密集的城市群，或称大都市带。这些城市群或都市带是高度综合的经济体，成为国家经济的主导力量，并在世界经济中发挥越来越重要的作用。

我国已初步形成长三角、珠三角、京津冀、成渝与长江中游五大城市群，2015年常住人口占全国40%，2016年GDP总量占全国55%，其中长三角、珠三角和京津冀已成为中国经济的领头羊，未来仍将引领中国经济，但我们又不得不对这些正在成长中的超、特大城市进行控制。几年前在中央电视台一期互动电视节目中，一位主管城市建设的北京市副市长被问及为什么要限制外来人口，控制落户指标，对方回答的很简单：如果不这么做，北京会像孟买一样变得不可收拾，结果将是灾难性的：城区被大片的贫民窟穿插、包围，垃圾会淹没整个城市。这种担心确有道理，当我们真的解决了几十万"蚁族"的住房，紧接着就会有上千万人蜂拥而至，毕竟还有4亿多"后备大军"等在外面。城市群的发展困局也在于此：14亿人口中至少有12亿人将成为非农业人口，人往高处走，即使一个乞丐如果能到北京"发展"就绝不会停留在当地。

近代城市化是工业化的产物，从霍华德的田园城市到简·雅各布斯所描述的美国大城市死与生，对于城市规划的理论探索层出不穷，形成了相对完整的理论体系，好像有了现成的答案，而我国近40年的工业化历程也印证了这些理论，因而这些年我们鲜有前瞻性的理论探讨，长期在技术层面徘徊，现有的城乡规划在不断重复这些经典理论。但现在的情况正在发生复杂而微妙的变化，套用《第三次浪潮》的说法，我国在局部领域已经站在了第三次浪潮的前沿，有近一半人口还滞留在第一次浪潮，还有越来越多的"富余"人口面临被边缘化。我们既不是美国，也不是加拿大和澳大利亚：对他们来说城市化就是人们离开农村聚集到城市。我国人口的迁徙如果按照同样的模式和路径，几大城市群会爆满，被淹没、被拖垮，这让大城市进退维谷，其他规划中的城市群也只能存在于纸上。

两大聚落的产生将使这一复杂形势出现转机。这是科技进步与社会经济发展的结果，不仅是农业转移人口，也包括城市"蚁族"、低收入人群、养老群体以及其他人群多了一种选择，尤其是农业转移人口不仅可以向大城市聚集，同时可以转向黄土高原和云贵高原迁徙，人口在空间分布的演化不再是朝着金字塔式的等级规模结构方向，由乡村——镇——小城市——中等城市——大城市的渐次向中心城市聚集，而是"兵分两路"：就像细胞的有丝分裂一样逐步形成两极，一极是大城市群，另一极则是两大聚落。

从经济活动的主体功能看，我们可以设想将未来的国家经济划分为三个基本类型，也可以称其为三大板块：一是以二三产业为主的城市群，是现代城市群的综合经济体，也就是像北上广这样的大都市带或城市群。二是以养老、生活居住为主，带有自然经济成分的消费型聚落，即云贵高原聚落与黄土聚落。三是以第一产业为主的原料和能源采集区，范围包括前两个类型以外所有区域。其中两大聚落的出现是在我国经济快速发展和社会转型时，面临人口、资源与环境压力，以及地区间发展极不平衡的特殊历史时期的产物。如果在地图上遮住这两个总计有近 6 亿人口的聚落，就可以看到另外 8 亿人口构成的像其他发达国家一样的——我们规划的城乡体系，也正是由于两大聚落的出现，才有可能为新型城镇化，或者说进一步的非农业化创造条件。

经济热岛

规划与计划的微妙差别在于前者不一定预先设定目标，而是预判事物的发展前景，或者为了让事务向我们所希望的方向演化而制定应对策略，后者是先要明确目标。这些年城市化进程太快，我们有时不得不用一种自圆其说的方式预测一个城市的人口规模，以此控制它的建设范围，看上去像是有根有据，但实际情况往往是等规划完成审批时，人口早已超出预期，不仅浪费人力物力，反而成了城市发展的绊脚石。其实要判断一个城市究竟会发展到多大规模并不难，我们也做不到准确，坦率地说我们无法精确计算出不确定因素导致的模糊结果，那就不用费心自圆其说，顺其自然好了。在人口增长与转移的压力解除的情况下，不是去限制，而是要扩展，尽可能满足人口与经济增长的需求。

就以北京为例，如果从市场需求看，假如房子既有价也有市，按目前 2 000 多万的人口规模，这里的房价已飙升到每平方米 10 万元，是正常理性价格的 5 倍。如果正常房价应该为 2 万元，也就是说在这里工作的中等收入阶层年薪 10 万元，两人工作 10 年以上应该可以按揭一套 80 平方米左右的普通住房。从经济容量看，未来"大北京"人口有可能达到当前的 5 倍——1 亿人口，相当于目前京津冀地区总人口。这种揣测虽然过于简单，但至少反映出北京对人口强大的吸引力和区域发展的需求与动力。

治疗大城市病无非是两个办法，一是紧闭城门，二是拆掉城墙放开发展。既然把城市比作容器，就像建体育场馆：如果体育馆太小，就不妨建体育场，既然人挤不进去，就把围墙向外挪，或者索性不要围墙。

目前北京市城镇统计人口 2 170 万人，建成区面积约 1 400 平方千米，人口密度达到每平方千米 1.55 万人，已经人满为患。之所以无法放开主要还是因为外部不断涌入的人口，像是无底洞。

北京最新一轮（2016—2035 年）总体规划采取了减量发展的策略，疏解"非首都"功能，到规划期末不仅人口要有所减少，还要拆除大量建筑为增加公共绿地与河湖湿地等环境优化腾退场地，展示出非常诱人的前景。按常规思路，这一目标对于实施者来说难度非同一般。以往的开发建设资金来源于土地出让，是加法，而"减法"的反向操作至少在短期内是没有收益的，也就是说拆除只能是赔偿而获取不了收益。更重要的是如第一章所述，面临人才流失。尽管规划明确未来北京发展要以高端产业为主，但也正如前所述，所谓"高端"仍然离不开中低端的人力资源的梯队与储备。如果规划范围只限定在市域范围，就北京论北京，未来可能会出现一种"高冷"的局面，丧失经济活力，如果不这么做又会面临增量发展的陷阱，因此这里的减量发展逻辑必须是要配合某种增量协调发展，就像是我们要在一间屋子里画一个圈，让圈里不能有人，不是要人退到墙角，而是要打开另一间屋子的门。这另一间屋子就应该是京津冀协同发展的新的增长极。

一旦外部压力解除，就不仅在雄安，应该面向天津、保定、沧州、唐山一带，在 2 万~3 万平方千米范围全面开放，规划建设合理密度的城区组团，人口密度保持在每平方千米 0.3 万~0.5 万人，保留控制好必要的菜地、果园、水塘、森林、草地，以及必需的市政设施，包括垃圾处理、水循环等等，中心城区过密的人口就能向外疏解，其他广大乡村腹地松散的居民点人口也会向这里聚集，真正做到"大集中、小分散"。而中心城区就可以做到只拆不建，对建于 20 世纪七八十年代、达到使用寿命的多层普通住宅，拆除后改为公共绿地、广场、停车场，或其他公共设施，保留新建高层住宅和现代办公建筑，以及所有代表首都功能和品牌的高等院校、名胜古迹、国家机关、科研院所、酒店、公园、文化体育场馆等等。不妨在东南方向以"摊大饼"的方式在新区建设适中密度的住区，以4层单元式住宅和2层联排别墅为主，这些建筑可以大量采用坡屋顶的太阳能板和加厚的保温墙体以增加绿色节能效果，容积率也可控制在0.5以下；采用多中心结构，建设分区中心或CBD，包括大型现代办公或研发机构以及高层公寓，它们就像岛屿一样分布在广阔的住区中，就像一些发达国家的大都市带，比如洛杉矶。

事实上北京周边正在朝这一方向演化，关键是我们必须认同这一趋势并加以引导。雄安新区的开发建设就是在探索人口密集区发展的新模式，像是围棋布下的一颗棋子，与北京、天津勾勒出一个大致的范围。北京的超高房价显然辐射到了周边地区，涿州、固安新开发楼盘已经在2万元以上，这在十年前几乎难以想象。如果进一步打破当前的行政界限，将这一区域统称为大北京，只是改变一下名称，这里就会有足够的空间接纳外来者，恐怕北京五环以内的房价不至于像现在这样。我们不妨做一个大胆的假设：如果北京市推出新一版规划，告诉人们北京将在未来五年扩大一倍，并且已经在五环或六环以外审批通过了上千个楼盘，结果一定会是楼市雪崩式的应声下跌。这么做其实并没有扩大城市规模，只是相当于将华北，甚至东北地区松散的城、镇、村庄相对集中在一起。这种城市集群，或大都市带，会更加便捷、高效、节能，环境反而会改善，为现在的北京蓝天提供大范围的环境保障。"大北京"重心会偏移，现在的北京则会偏于其西北一隅，成为首都特区，规划目标不仅可以实现，而且会更好。

如果放眼于整个东北与华北平原，从现有的环境容量看，"大北京"应该可以维持这一地区总人口。未来城市群的规划不一定是从规模分析着手，而是探索可能的发展方向，不是封堵而是引导，并始终保留足够的弹性空间，由水塘、林地、果园、菜地以及污水处理、垃圾消纳的循环规模来引领城市发展。也就是说它的规模取决于某种适宜的人口密度，这种密度不仅可以维系自身的环境，也不会对周边环境形成压力。这样"雄安新区"的开发建设可以不必"跳空高开"，只要留好足够的绿色隔离带和空白区，逐步向外推进，反而有利于中心城区"消肿"，人均用地指标也可以增加1倍，田园城市、森林城市也不再是梦想，雾霾也会烟消云散。

至于城市垃圾、污水的排放、处理，目前在技术方面已经不是问题。当代工程技术对每个城市组团或基本单元形成自循环体系已经具备了成熟的技术，只是我们以往从未习惯于这么做，更主要的是由于经济而非技术原因。例如我们日常生活中所熟悉的各种包装，在商品购买时计入了成本，但在丢弃时却忽略不计，因为处理这些垃圾最简单也是最常用的办法就是在城市周边找一处"空地"填埋，表明我们的空间资源依然被廉价使用。当这些空地开始变得稀缺需要进行管控时，甚至收费标准到了与停车场的价格一样时，当每个人都意识到随手丢弃一个矿泉水瓶和买一瓶矿泉水一样贵时，循环经济也就会顺理成章，垃圾也就成为可再生资源。

悉尼市区面积约1 687平方千米，2016年人口约503万人，人均面积300多平方米，连续多年被联合国人类住区规划署评为全球最宜居的城市之一（百度百科）。我们照搬这一指标不太现实，也过于奢侈，但以联排别墅和多层住宅为主将人均用地面积扩大一倍可以做到，也符合国情。在两大聚落形成过程中，我们将不再拘泥于将人口限制在2 000万人还是3 000万人。我国人口是美国的4.3倍，日本的11倍，法国的20倍。形成上亿规模的超大城市群并非不可能，在外部压力解除后，可以不必设限于城市的增长边界。除了必要的"留白"，保持合理的密度，以不间断方式，形成集中、连片的高度集约化的区域空间，充分发挥人口数量和技术密集、知识密集型优势，将资源聚集在一起。而目前我们看到的只是一个雏形。

表 7-1 是五个国家级城市群及全国的基本情况设想（百度）：

表 7-1　五个国家级城市群及全国的基本情况设想

城市群	城市数量	面积（万平方千米）	2016 年GDP（万亿）	2015 年常住人口	人均 GDP（元）	地均 GDP（万元/平方千米）
珠三角	9	5.5	6.8	5 874 万	115 598	12 346
长三角	26	21.2	14.7	1.5 亿	97 454	6 949
京津冀	13	21.5	7.5	1.1 亿	67 524	3 499
长江中游	28	34.5	7.1	1.2 亿	56 759	2 049
成渝	16	24.0	4.8	9 819 万	49 066	2 007
全国		963.4	74.4	13.7	53 980	772
五大城市群占比		11%	55%	40%		

　　从发展现状与条件看，表 7-1 五大城市群具有明显的优势。这里高等院校与科研院所云集：中国教育网 2015 年数据显示北京市有高等院校 91 所，本专科在校生 57.7 万人，研究生 20.9 万人，上海有普通高校 68 所，在校学生 50.48 万人，武汉有高校 82 所，在校大学生和研究生总数 106.95 万人，重庆有普通高校 65 所，在校生 73.25 万人，毕业生 18.99 万人，广州普通高校 82 所，年在校大学生及研究生总数达 113.96 万人。强大的造血机能使这里始终充满活力。

　　在这五个城市群中，成渝虽然地处边远内陆，但位于未来两大聚落之间，依托 6 亿人的消费市场，城市群就有了良好的市场依托，而长江中游城市群位于其他四个城市群之间，处在"坐中联四"的位置，也具有不可替代的作用。

　　长三角与珠三角能够维持现有的人口规模，未来珠三角人口规模可能不止表中的常住人口，但长江中游和成渝城市群人口可能会有所下降。成渝城市群人口密度过大，四川、重庆两地人口有 1.2 亿人，目前人均 GDP 不到全国的平均水平，从经济总量看，城市群人口规模在

5 000万人左右才能与前三个保持一定的竞争优势。另外，四川盆地是长江上游主要的水源涵养地，减少人口数量，进行退耕还林与生态恢复对于整个长江流域环境治理十分重要，而长江中游城市群在人口与环境方面的问题更为突出。

最新一轮的长江中游城市群发展规划显示其规划范围内的人口规模达到2.4亿人，但2014年的经济总量只有4.5万亿元，人均 GDP 远低于全国平均水平。庞大的人口数量给经济发展带来沉重的负担，同时也使长江流域生态环境与防洪安全面临压力。湖北曾是千湖之省，有大大小小的湖泊1 300多个，如今100公顷以上的湖泊只剩260个，半个世纪以来人们不断围湖造田、建城，洞庭湖面积缩小了33.2%，容积缩小了43.7%，鄱阳湖湖床平均每年增高3厘米……不仅湿地生态系统功能严重萎缩，这些湖泊大量消失，对于调节长江水量的作用被严重削弱，造成长期水患，退耕、退城还湖，恢复湿地与生态移民势在必行。综合来看，以武汉为核心的长江中游城市群人口的合理规模可能在1亿人左右。

城市扩容使房价回归理性。按现有的物价和消费水平，一线城市普通住宅价格每平方米应该在1万~2万元，大学毕业生应该比较容易找到实习岗位，也能找到便宜的居所。对年轻人来说这里充满机会，但不是天堂，而是竞技场：像发其他达国家一样，工作初期他们租住在中心区的高层公寓，这些公寓是专门针对实习生和低收入群体的居所，这一族群月收入可能只有三四千元，每月房租需要支付1千元，他们将吃着快餐奔波于办公室与住所之间，打拼三四年后获得中级职称，收入逐步增加，许多人结婚成家，但为了省钱，仍属蜗居式的丁克家庭；8~10年工作渐入佳境，成为技术骨干或担任项目负责人，收入与储蓄增加，开始生儿育女，有了属于自己的房子。物质条件的改善并不意味着养尊处优，这里只是给更多人提供了竞争的机会，至少在子女上大学之前，他们一直是紧张忙碌的。由于竞争压力大，新技术、新概念、新成果层出不穷，年轻人不断涌现，以及高强度、满负荷工作。这里的职业寿命可能会在 20 年左右，由于激烈的竞争，许多人可能人不到 50 岁会感到身心疲惫。他们中的大多数人在孩子上大学后，可能会拿着四五千元的退休金，约几个同伴，去腾冲或延安——那些让他向往已久的地方，找一份哪怕只有象征性工资的公益性岗位，每天工作两三个小时，为那里的小学生介绍一些科普知识，或为养老院的工作人员提供一些专业咨询，作为步入老年的过渡期，度过闲暇时光。

　　未来五大城市群的经济奇迹可能就以这样的代价创造的。如果说在改革开放的初期，也就是经济起步期，在低端制造业靠大量廉价的劳动力——农民工，开始了工业化进程，摆脱了贫困，积累了一定的发展基础，那么在经济转型过程中，在今后一个时期我们依然会依赖这种"廉价"的模式。只不过新一代"农民工"已经脱胎换骨，产业大军的主力不再是工厂里的缝纫工、建筑工地的钢筋工、泥瓦工，而是数控机床前的操作手、"创客空间"的设计师，以及实验室的记录员。我国每年毕业 600 多万名本科生，不包括在读的上百万名硕士，几十万名博士，这些年轻人源源不断地涌入这里。

　　本书借用了生态环境与小气候的概念。当太阳普照大地时由于地面对光热吸收或反射程度不同会造成局部气温差异，比如城市由于大量水泥地面或光滑的屋面对阳光的反射作用较强，使空气温度高于周围温度而形成"热岛效应"；相应地，湖泊会较多吸收阳光并且由于水分蒸发会消耗热量而使气温低于周围就形成"冷湖效应"。

　　五大城市群将成为经济"热岛"，表现为高投入、高产出、快节奏、高效率、高收入、高消费、高税收，竞争激烈而又年轻化等特征。如果中国的廉价商品曾经让许多发达国家的制造业者感到无奈，那他们还没有体会到物美价廉的技术服务。或许我们将来会经常看到这样的情形：一个国外投资商带着资金和想法来到这里，有一支技术团队按他的设计意图制作一个样品，不仅很快完成，而且在实验过程中对原设计做了许多改进。他发现在这里到处都是这样的团队，这样的年轻人，这些人平均年龄不到 30 岁，智商高、悟性强，性情温和、吃苦耐劳又容易合作，一旦需要，会不分昼夜地工作，而且要求似乎不高，月平均工资只有两三千美元，而在他自己国家聘用这样的人员至少在六七千美元，于是他最终将研发部门设在这里。

五大城市群将成为五个超级经济军团、联合舰队，是一种超大型的综合经济体，是完全国际化的经济热点地区，其规模、体量远超东京或纽约。这里仍然是世界制造业的中心，包括现代装备制造业和战略性新兴产业，实行完全对外开放的政策并充分融入世界经济，是世界经济的参与者、引领者，甚至是主导者，因为这里集中了全国 14 亿人中最具竞争力的群体。参照日本、韩国等发达国家标准，完全有能力使人均GDP 至少达到 3 万美元以上。

乡村振兴

新疆生产建设兵团的发展轨迹有些耐人寻味：出于维护国家安全、屯垦戍边的需要，这里沿袭了军队的管理体制，在社会经济发展方面相对于地方显得有些僵化，尤其在改革开放后的相当长的一个时期，团场职工的生活远不如地方农民。团场的规模相当于地方的乡，下属连队相当于村，无论团场场部还是连队都显得十分破败，尤其是一些连队的普通职工家和富裕起来的地方农民相比可以形容为家徒四壁，但最近这些年形势发生了逆转：由于职工到了退休年龄都有退休金，全部搬进了团部的新居，过上了休闲的养老生活，他们的子女大多通过高考出去后不愿再回来，连队村庄基本无人居住，农田被几个种田大户承包实现了规模化、集约化生产。团部公职人员编制不多，工作也显得比较轻松，农业生产无须多费心思，日常工作除了像老年活动中心这样的社会管理，其他更像是小镇的物业管理。场部由一排排整齐的多层住宅围合着花园绿地，修建了水池、喷泉，退休老人悠闲地散步或打着门球。如果乡村振兴需要什么参照的话，这里可以算是很好的案例，只是它的蜕变过程对于当地的年轻人未免有些迫不得已，但这里的土地流转算是比较彻底，这主要得益于团场职工的基本社会保障和兵团特殊的行政体制与执行力，但不管什么途径，这一过程势必伴随资源整合与土地兼并。

我们在电视农业频道中常会看到一些农民发财致富的节目，有一些看上去好像是启发和鼓励人们走致富之路，但它所起的作用可能适得其反。在这些节目中我们经常可以看到某个农民养了一种什么样的特殊的猪、鸟或是虫，几年时间获利几十万元、几百万元甚至更多，成为十里八乡的传奇人物，期间当然也少不了探索中的挫折、失败甚至绝望。所谓传奇就是小概率事件，无法推广或进行大规模复制，他的高额利润是基于这些特殊品种的猪、鸟、虫的稀少，即物以稀为贵。如果全面推广，利润就会被摊薄，如果不推广，对其他农民就没有意义，这种对传奇案例的过度宣传对于农民的启发不是面对现实，更多会产生投机心态。

提高农民收入只有两条基本途径：一是提高粮食产量，即增加单位面积的产值；二是扩大耕地和生产规模。前面我们已经说过，土地的产能是有限的，超出一定限度就是透支，而扩大耕地面积不可能再去开荒，只能通过减少农民数量来增加农民人均耕地面积。农村土地流转其实在民间已经完成，外出打工者已经将耕地转包给了他们的邻居，但继续保留着村子里的宅基地，剩下空巢老人与留守儿童，大多数村庄破败不堪，这种衰退是不可逆转的。乡村振兴不是要离开村子的农民再回来，而首先是资源优化与整合，让农业人口减少到一个合理的比例。在实现人口大规模转移后，80%以上的村庄会消失，尤其在华北平原、东北平原，以及长江中下游平原等粮食主产区，每8～10个村庄将合并为一个，实现农业的规模化、集约化生产。农场的所有者与经营者可能是上市公司、种粮大户，也可能是村民持有股份的村民委员会与合作社。这些农场的规模主要取决于合理的作业半径，可能在3万～5万亩。以人均耕地20亩计，村庄合理的人口在2 000～3 000人。村镇人均建设用地可以适度放宽，建设美丽乡村，包括谷仓、大型沼气池、污水处理系统，还包括幼儿园、文体活动中心、水塘、树林、草地……全国乡村人口转移与村庄整合可以腾退出大约1亿亩耕地，是目前我国耕地保有量的5%，如果与云贵高原占用的增减挂钩，减去那里的新增建设用地，还有7 000多万亩，相当于日本全国的耕地面积，可以使耕地紧张的状况得以缓解。但这远远不够，人口的转移才是乡村振兴的基础。

海关总署发布的数据显示，2016 年我国谷物类粮食进口量为 2 200 万吨，不到全国总产量的 4%，这一比例还可以继续扩大。农业人口的大幅缩减将实现农业的集约化、规模化与现代化，降低生产成本，能够"对冲"粮食进口对国内市场的冲击，在国际市场粮价不高，各国对进口配额争吵不休时，可以适时扩大进口，维持合理的产量，减少化肥用量，保持一定的休耕比例，逐步恢复耕地"元气"，应该适当转变一下粮食不依赖进口的固有观念，只要我们具备自给自足能力就不妨放开市场，只要保持一定比例的粮食自给率，就能维护粮食安全，也就是要藏粮于地，才可以保证农产品的质量，恢复消费者信心。

我国城镇化发展的时间不是很长，农耕文明深深植根于人们的记忆，收获的节庆活动会吸引附近的城里人在这里驻足，宁静悠闲的生活节奏和田园风光留人在这里度假小住。消费者会参与体验传统的手工制作，尤其是家庭作坊腌制的酱菜、酿造的酱醋、香油、自酿酒等，那些乡间世代传承的手艺会让人们想起家乡的味道，也会让离开这里的村民和他们的后代时常回到这里。他们住在亲戚家或特意为他们保留的一部分住宅，这些具有接待功能的住宅也可以作为游客体验的民宿。乡村度假将是村民的另一项收入来源和与外界交流的窗口，而在广大的乡村腹地只会有一些农业作业点，农田如同油田，村庄大多只是季节性工作的职工宿舍，从业者大多住在附近的城镇，只是在农忙季节来这里打工。现在农民也正是这样，为了子女上学，在县城或镇里买房子的不在少数，他们在城里打工，到了春耕和麦收时节需要回家忙上那么几天，将来还是有许多农民工像候鸟一样迁徙，只是方向相反。未来的城镇居民会到农场打工，新型农业经营主体的、现代高素质的职业团队将在城乡之间的双向流动中逐步形成。

2017 年 12 月中央农村工作会议首次提出走中国特色社会主义乡村振兴道路，让农业成为有奔头的产业，让农民成为有吸引力的职业，让农村成为安居乐业的美丽家园（百度）。目前，我们看到到处都在进行

"美丽乡村"规划，也建设了许多示范村，也叫新农村建设，但总体感觉偏重于乡村环境整治与村容村貌建设。这些建设改变了许多村庄以往脏乱差的状况，但似乎很难从根本上改变农村整体的经济发展状况。如果将乡村振兴看作一项庞大的系统性工程，其难度之大，任务之艰巨，恐怕不亚于国家任何一项计划。我们建造航母、高铁，研制航空发动机和量子通信卫星，相对来说都是"人对物"，如果人们有能力也有决心，可以集中力量办大事。一艘船舶或一枚火箭的一项技术测试不过关可以继续调整试验，但乡村振兴更多的是"人对人"，虽然看上去没有技术难度，但却不是技术问题，这要比排演一场有几百万人参加的大型团体操还难，因此我们不能把它简单地理解为一项国家计划，更不是将这一计划以文件形式层层传达，再由地方政府和农民自力更生解决问题，而是要在国家总体发展战略与资源优化中寻找出路，在国家发展转型中进行演进，如果没有大规模人口转移和土地流转这将难以实现。

主体功能区划

"冷湖"与"热岛"形成后的其他地区，即农林牧渔矿区，也可称之为传统农牧业区。随着人口数量下降，在国家经济发展中所扮演的角色将变得清晰明确，不再背负太多的发展使命，这些地区也包括风景名胜区、自然保护区，以及依托这些区域的城镇，经济类型以第一产业、旅游业和矿业为主，寻求稳定合理，恢复良好的生态环境，不再无休止地、盲目追求不切实际的目标，能够放下包袱轻装上阵。

腾退的土地将与生态修复挂钩，比如用于恢复长江中游被围垦的湖泊湿地、东北地区三江平原沼泽湿地。"洪湖水浪打浪"是 20 世纪 60 年代中国人耳熟能详的歌曲，出自经典老电影《洪湖赤卫队》，60 年代拍摄于湖北洪湖。当时洪湖面积 760 平方千米，如今湖泊面积约 350 平方千米，"四处野鸭和菱藕，秋收满畈稻谷香"的情景我们只能在老电影中看到，近几年环境虽然有所恢复，但面积相差甚远。这些湿地的价值远高于耕地，不仅体现在经常为抗洪抢险所付出的代价，也不仅体现在鱼虾、莲子、菱藕、野鸭等丰富的水产，更体现在无可替代的生态功能。根据联合国环境规划署估算，每公顷湿地每年创造的生态服务价值是热带雨林价值的 7 倍，是农田生态系统价值的 160 倍。毕竟毁林容易造林难，如果需要应急性提高粮食产量，可以恢复这些耕地。

现有的行政区划、城镇体系，等级规模结构会产生变化。五个城市群和两个聚落人口规模可能达到 11 亿人，其他省、自治区，人口降至 3 亿人左右，平均到每个省，约 1 000万人，有可能促成新的行政区划。

比如东北三省合并为东北省，还有其他华北、华南等 9 个行政省区。地州级政府或将被取消，直接简化为省管市、省管县、县辖乡。省会城市、省辖市、县城与乡镇所构成的城镇体系，主要依托和服务于广大乡村、矿区和林牧渔区，是一种农业型社会的网络架构，而省会城市与其他省辖市的规模取决于它们的职能与作用，如果仅仅是政府所在地，规模就不会很大，就像华盛顿或堪培拉。在这些省区的 3 亿人中，可能有一半分布在乡村、牧区、矿区、林区和沿海沿湖的渔村，也就是第一产业的作业区，也包括乡镇。另一半则在这些地区城镇体系当中。我们习惯的金字塔式的等级规模结构会发生变化，这些城镇大小不一，不以规模取胜，而以职能与特色存在，比如像济南、合肥这样的省会城市，其行政中心职能比较明确，如果没有特别的资源与区位优势，人口规模将会缩小，将注重自身的环境建设，而青岛、大连、厦门、桂林等城市，或以具有优势地位的产业门类，或以优越的环境与区位条件，或兼而有之而独树一帜。当然，这也包括那些特色小镇。

振兴东北老工业基地可能终将成为一种情节。东北的所谓衰落与人才流失伴随的是东南沿海的崛起，就像当年闯关东，这些人又闯入关内，在全国都扮演了重要的角色，因此当这里恢复 100 年前的平静时，我们有必要重新审视这里的一切。比如像哈尔滨，除了是省会，更是历史文化名城、冰雪之都，既是旅游目的地，也是旅游集散地，未来规模可能会缩小，但以特色见长。不止哈尔滨，还有乌鲁木齐、西安、开封等，这些城市不必再去发展高新区、工业园区，不再发展现代装备制造业等所谓战略性新兴产业，只需要恢复原有的本色与传统。这里常住人口将会减少，但旅游接待能力会增加，成为季节性旅游的宜居城市。

如果将城市群比作人们经济活动的热岛，那么黄土聚落与云贵高原聚落就是"冷湖"。后者老年人数量将占一半以上。人们对于人口老龄化的担忧可能有些多虑，这原本是我国人口减少的必然过程，况且老人每天吃不了多少饭，一年也穿不了几件衣服，最大的需求是有一个温暖舒适的居所，更不喜欢东跑西颠，与成长中的年轻人相比，在被抚养人口中是最便于管理的社会群体，人均消耗资源，也包括社会资源可能不到全社会平均水平的一半。而两大聚落用于建筑的能耗只有其他地区人均水平的1/3，将为全社会节约15%的能源消耗，折合6.5亿吨标准煤，减少全国1/4煤炭产量，10%~15%的碳排放。这里不创造财富，却体现价值。如果我们对西部大开发战略重新定位，这可能是真正的目标，使其成为中国经济发展的稳定器与压仓石。作为补偿，五大城市群的税收中有相当一部分将用于支撑这里的建设发展，两大聚落主要以"外来"群体的生活消费为主，如果以人均年消费5 000美元计，经济总量可能在3万亿美元左右。

由于两大聚落的出现，我国人口与经济的空间分布可能会形成这样的格局（表7-2）：

表7-2　我国人口与经济的空间分布设想

主体功能区	人口（亿）	GDP（万亿美元不计通胀因素）	人均GDP（万美元）
五大城市群	5.0	15	3
京津冀	1.0		
长三角	1.5		
珠三角	1.0		
成渝	0.5		
长江中游	1.0		
两大聚落	6	3	0.5
黄土聚落	3		
云贵聚落	3		
其他省市自治区	3	4.5	1.5
总量	14	22.5	1.6

对两大聚落人口规模的估计可能过于理想化，但也不妨先从理论上

做一个乐观的假设，就好像开一家餐馆：根据后堂的供应能力在餐厅摆放了许多桌椅可以同时接纳若干人同时就餐，但实际的上座率可能并没有那么高，能达到六七成可能已经相当不错。如果它们能够各自接纳1亿农村转移人口，就会极大地缓解人口、资源与环境的压力。再由城市消化2.8亿人户分离的人口，也算是一种值得期待的结果：就像在一辆拥挤的公交车上如果有几名乘客中途下车，我们马上就会感到车厢里宽松了许多，会长舒一口气。至于两大聚落究竟能发展到多大规模，取决于多种因素，主要是生活的性价比是否具有足够的吸引力，这就需要回到之前论述的问题，甚至城镇化概念本身就需要重新思考，因为两大聚落即非乡村也非城市，可以称其为以一、三产业的城乡混合体（图7-1）。

中国地图

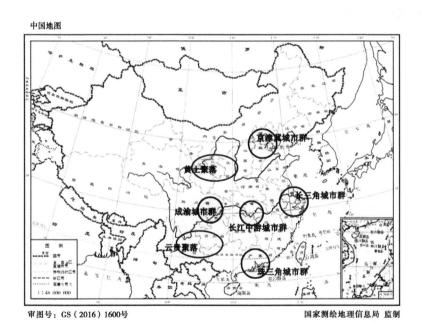

审图号：GS（2016）1600号

国家测绘地理信息局 监制

图7-1 我国未来主要人口聚集地构想示意图

届时我国国民生活质量与欧美发达国家应该不会有多大差别。或许人均 GDP 还存在一些差距，但由于身体条件差异可能会平衡这一不足：欧洲人平均身高在 1.8 米左右，比中国人高出约 10%，美国人均体重是中国人的 1.3 倍，相应的资源消耗量或消费需求，例如吃饭、穿衣、运输成本等也会成比例扩大，也就是说我们吃 1 千克牛肉和美国人吃 1.3 千克可能是一样的效果，而且后者资源消耗量也是大得惊人。比如我们可以在他们一个普通旅馆的卫生间里看到一张卫生纸差不多就有 A3 大小，但人的智慧与创造力却不会因为屁股的大小而增加或减少 30%。换句话说未来要么我们身体条件会进一步提高，否则长期竞争的趋势就是我们维持相同的生活水准，创造财富的成本就会一直低于对方，竞争优势会始终存在。另外，两大聚落与其他地区虽然处于中等收入水平，但由于消费支出少，生活成本低，也能够维持很好的生活性价比，生活质量也不会降低。

多彩世界

世界绝不只有一种颜色，除非我们都是色盲。但多数情况下人们对待事物的看法都像是选择性色盲，能够发现一种被忽略的基本色并不是一件容易的事。但它确实存在，我们肉眼所见并不代表事物的全部，就像可见光只是连续光谱的一部分，当科学家推断还会有红外线、紫外线存在后，人们最终找到并利用了它们，包括红外探测、微波炉、紫外线消毒等。如果我们形象地把经济热岛比作红色，将第三板块比作黄色，那么冷湖作为蓝色就会存在，这三种基本色构成我们整个社会经济生活的"三原色"。有色彩常识的人都知道，红色加黄色等于橙色，黄色加蓝色等于绿色，红色加蓝色等于紫色……三个板块都不会是孤立存在的，就像现实世界没有单一纯色一样，即便是一个纯白色墙面，在一个画家眼里也会或多或少感觉到一些不易察觉的环境色。基本色之间的交叉、渗透、融合将构成我们未来生活的多彩世界。

《寅次郎的故事》是长达 48 部喜剧，日本贺岁片，历时近三十年（1969—1995 年），直到男主角渥美清病逝，是目前世界最长的系列电影，深受日本观众喜爱，大约每年推出两部，在两个日本传统节日推出，成了当时老百姓过节必不可少的内容，是名副其实的贺岁片。影片的故事情节都很简单，甚至是一种固定的模式，然而每当熟悉的音乐响起，伴随主人公的大公鸭一样的开场白"我生长在东京的葛饰柴又，是帝释天的水把我养大"，观众好像又与这位可爱的老朋友久别重逢，追随他的身影走遍日本的山山水水。

　　山田洋次不愧是一代大师，他在安排寅次郎四处游荡时也给了他一个温馨的家：家里有他的妹妹、叔叔、婶婶、外甥和友好的邻居，每次回家都跟家人闹得不欢而散，或者因感情失败怅然离去，和家人之间又总是相互牵挂。这样的安排才会使生活延续，故事不断产生。因为有家，才能离家，所以回家。

　　这部系列电影令人印象深刻，在回味主人公的经历与故事时让人琢磨出许多道理。比如一个人常年漂泊根本不是他的初衷，恐怕没有人比他更渴望拥有一个家，正如一个有固定工作与居所的人整天按部就班，恪尽职守，然而内心始终怀揣梦想，梦想有一天能够像电影的主人公一样自由自在浪迹天涯。无论处在一种什么样的状态，人们对未来生活的追求总是希望有更多的选择的自由，与财富无关。然而在社会分工越来越细的市场经济时代，无论城市还是乡村，一切都是按照经济最优原则进行分类，为了利益最大化一切都要尽可能进行程序化、模式化处理。我们所做的一切都必须目标明确，都要经过反复思考与精确计量，都要计较回报率、收益率，不能浪费任何时间，这样往往感受不到丰收的喜悦、坐失良机的遗憾与甜蜜的空虚，因为一切都是在计划之内、预料之中，即便带孩子到动物园参观也是事先计划好的，是教育投资的必要环节，而孩子要在晚上写好日记作为作业第二天交给老师。

　　当我们意识到我们必须这样必须那样时，再好的程序可能也会让生活失去意义，而有时生活的乐趣恰恰在于未来的不可知性，就像在观看一部悬疑电影时有个多嘴的家伙告诉你最后的结局从而会失去观看的乐趣。从某种意义上说我们还没有获得自由，除非像寅次郎一样抛开在常人看来一个人生活在社会中必须拥有的条件，如必要的财富、地位、体面等，也就是世俗的需求。这是他为自由付出的代价，但即使这样他也始终离不开那只破旧的手提箱，无论多么逍遥，还是要在路边摆个小摊能吃饱肚子，有地方露宿，不至于沿街乞讨，这样的生活对大多数人来说仍然显得可望而不可即，所以才会在许多人心中引起共鸣。

　　绝对的自由不存在。以按劳分配为基本法则的时代，没有人可以不劳而获，只是社会的每一次进步都意味着人们有了更多的选择。原始社会人们面对大自然狂风暴雨的肆虐只能听天由命，到了奴隶社会，奴隶可以在生与死之间选择，将人身自由依附于他的主人得以生存，但他什么时候睡觉，什么时候工作，怎么活下去，一切都由主人支配；封建社会的佃农可以有自己的作息时间与日程安排，但他们职业、生活方式，是否愿意工作以及工作量的多少几乎没有选择。如今我们比以往任何时候更接近自由，但未来的路依然漫长，如果人们满足于现状也就没有了进步的动力。现在的问题是我们每个人似乎都被裹挟着卷入社会化分工与市场经济的大潮，虽然没有人强迫你工作，但多数时间我们好像也不知在为谁工作，而且真正喜欢自己的职业而终其一生的人只是幸运的少数，多数人只能叫适应，好在大家并没有明显的职业取向说他们特别喜欢或特别不喜欢什么。寅次郎不想经营属于自己的小店，因为他从小就吃腻了糯米团，更不愿意为别人制作，他也不想在邻居的印刷厂上班，因为印刷的那些小广告跟他毫无关系，或许他还没有想清楚自己该做什么，在他简单的脑袋里只知道不想跟其他人一样整天像蚂蚁般忙忙碌碌。但我们并不比他聪明，如果你问一个人为什么从事自己不喜欢的职业，多数回答是在高考选择专业时并不十分清楚他究竟是否擅长干这一行，而现在只是为了混口饭吃，这种情形之下无法指望他对工作会有多大热情，而如果工作的目的只是为了获得丰厚的回报，恐怕他不是专注于工作本身，而有可能投机取巧，就像制造商不再注重产品研发，而只注重做广告促销。对于大多数规矩人可能变成了混日子或疲于奔命，否则饭碗不保，因为我们的社会生产力和资源毕竟还没有达到让所有人都能够随其所愿的程度。

　　未来三十年情况可能会有变化。黄土聚落可能将为人们的生活打开一扇新的大门，它至少会告诉你无需对未来有太多的焦虑，这里完全可以有另外一种生活方式：想象一下你可以没有工作，但可以生活，凭社保卡住在一口清爽的窑洞里，可以支付水费、电费和购买必要的食物，如果你不是很在意，可以在网上或镇子里的二手货市场淘到非常便宜的衣物和其他生活用品，甚至还能娶妻生子。当然了，要想吃到新鲜蔬菜、水果或牛奶、鸡或鸡蛋这样的奢侈品，就要在门前的空地上自己动手。就像妈妈告诉你的，你可以不去上班，只要你能照顾好自己。关键是没有人会歧视你，它是社区认可的一种状态，因为到那时这种非固定职业状况在这里会普遍存在，你和朋友、邻居们可能对此将习以为常，工作不再是必须的，但能找到工作却是非常令人羡慕的，毕竟有份工作就多一分收入。无论出于什么目的，从某种程度上说这份工作是你喜欢的，因为你有一定的选择余地。

当然这也不是绝对的，未来对人们生存技能的要求应该是更加多元化的，从研发工程师到熟练工，再到最简单的体力劳动，总体来讲会呈现向两端扩展的趋势，即职业培训的熟练工会被智能机器人取代，人们的日常工作也许只是现场监控，就像自动驾驶舱里的飞行员，人的劳动、操作将会被进一步简化，就像操作傻瓜相机。如果你愿意，有些简单的工作或许像自动售货机一样随时随地可以得到，例如在社区、街边会有一些健身房，这些健身房的运动器材通过传动装置与小型发电机组连接，构成自备电站，这些自备电站又是区域电网的一部分，你在里面每天运动几小时就会有一些收入。科技进步伴随社会进步，未来的社会分工也会日趋合理，职业类型与工作方式会越来越多样化，有可能像超市里的商品一样，社会越发达选择的机会就越多。

这像是理想社会的一个雏形，虽然并不富足，但具备一些良好的机制，也许有人认为这纯属乌托邦，因为即使发达国家现行的福利制度也不会比这显得更好。这种观点显然过于机械，就像马克思预言社会主义革命首先会在英国、法国这样最先进的资本主义国家爆发，这不过是一般逻辑，后来的历史却不是这样，而是出现在了俄国。这里既有某种历史的必然，也会有引发社会突变的特殊历史条件，就像十月革命与第一次世界大战密不可分：长达四年毫无意义的对外战争遭到广大士兵的强烈抵制，并和工人阶级联合起来，动摇了帝国的统治基础。沙皇退位后军队高层与临时政府之间又矛盾重重，战争使国内经济严重衰败，饥饿蔓延，政局一片混乱，当布尔什维克旗帜鲜明地主张要求停止内战时，得到民众尤其是士兵的普遍拥护，于是才有了武装夺取政权的机会。

我国目前处在这样一种特殊情形：经济高速发展，但资源与环境问题已经到了无法用修修补补可以解决的时候，因科技进步而出现富余人口的安置，资源的最佳配置以及环境可持续发展，需要找到根本性出路，制度创新也就成了一种必然，以往城乡二元结构可能将被工作与生活的二元结构取代，这可能是中国特殊历史时期的特殊产物。

当前我国人口生育率非常低，引起学界普遍担忧。在北京大学经济学教授梁建章看来，过去数十年中国经济得以高速发展的一个根本原因就是人口结构和素质，但现在中国人口结构"已经恶化"。根据他的研究，中国在1980年出生的人口比1990年出生的人口多了30%~40%，而相比前几代人，90后人口数量"可以说是断崖式减少"，虽然全面放开"二孩"可能会迎来几年的红利期，但当本身数量就少很多的90后成为社会生育的主流人群后，婴儿出生率和出生数量将会更低。在发达国家实现代际均衡的生育率为2.17胎，在发展中国家实现代际均衡的生育率为2.3胎，中国是发展中国家，理想的生育率是2.3胎，而2010年人口普查数据显示全国总和生育率仅为1.18。由于城镇化水平不断提高、生产生活节奏的加快、生活压力加大，造成生育率不断下降，甚至出现众多丁克族，即使国家实行"允许一胎、鼓励二胎、放开三胎或多胎"的生育政策恐怕也难以提高育龄妇女，尤其是职业女性的生育意愿，未来一个时期，无论城镇还是乡村，尤其是五大城市群，市场竞争将更加激烈，出生率还是不容乐观。

不过对于黄土聚落可能是另外一番景象：相对宽松的生活环境、带有一部分自然经济的生活方式，有许多闲暇时光以及必不可少的家务劳动和有些像部落式的邻里关系有可能提高妇女的生育意愿，因为传统乡村多子多福的观念就是在这样社会关系中形成的。假如针对性地给予一定的福利政策，这里的出生率就会提高，可以弥补其他地区，尤其是大城市群生育率的明显不足，甚至成为国家人口的摇篮。这些福利政策包括从怀孕、出生直到成年的抚育和成年之前的义务教育，甚至免费的职业教育，使他们可以充分参与全社会的公平竞争，他们的未来在很大程度上将决定国家的未来。

在几大主体功能区逐步形成后，人们的工作与居住地会相对稳定下来，不会再有大规模人口的候鸟式迁徙，节假日高峰出游也会被不定期的带薪休假、旅行所替代，已经形成的发达的交通运输系统，尤其是客运系统将会有另一种用途：当城市年轻人数量在某个时期不可逆转地减少后，教育资源开始出现富裕，包括校舍，这些将为未来青少年以游学方式的教育创造条件。

铁打的营盘流水的兵，合理的社会与经济形态既需要固定的岗位也需要一定的流动性，固定与流动是互为依托的。大量自由职业者存在相当于机动部队，有利于人力资源的充分利用，就像一些行业的松散联盟会缓解中小企业经常会处在有人没项目、有项目没人的令人纠结的不稳定状态，又会避免高度整合后带来的一些僵化。而自由职业者存在的基础需要社会基本保障，流动又基于相对的稳定，有了"三足鼎立"的稳定结构，有序的流动就会增加，社会资源会得到进一步优化。有了黄土聚落的宽松环境，才会有城市群中市场的激烈竞争，而在社会生活中，生活方式的反差会促进不同生活方式之间的交流，使社会充满活力。未来中国的社会生活会像她广袤的大地一样博大、丰富而宽容，如果有人问世界上什么地方工作压力最大、竞争最激烈，什么地方最悠闲，答案可能都在这里。

第 八 章

可预见的未来

我国正处在发展转型的关键阶段，传统化石能源耗尽之前的30年是宝贵的窗口期。我们在这里所做的种种推测，最现实的意义又莫过于解决当前产能过剩问题，一旦对未来的发展方向做出比较清晰的判断，就会发现还有一大堆事情等着我们去做，那将是新一轮发展的起步，几乎再造一个中国，而前一轮近40年的发展只是为我们打下了必要的基础，说产能过剩可能为时尚早，面向未来它的意义远不止于此。

科幻与现实

神话与科幻不同在于前者表达了创作者要有什么就有什么的梦幻境界，像《西游记》中的孙悟空可以随时变成一只苍蝇或一个长着胡子的巨无霸，可以吃仙丹长生不老，被炼成铜头铁臂，踩着一小片云飞来飞去，翻一个筋斗十万八千里；而科幻则是科学家前瞻性的理论或推测引发了人们的联想，可以穿越时空，也可能是灭顶之灾。美国科幻电影《后天》表现的就是由于人类对大自然不合理的开发导致异常天气的出现，突如其来的灾难使美国南部大批难民涌入墨西哥，北部来不及撤离的人像苍蝇一样被冻死。

悲观主义的好处在于它能时刻提醒我们要保持头脑清醒。也许我们会在 20 年后的某一天吃惊地发现能源消费俨然已成奢侈品：北方冬天屋子里的人们又穿起了厚厚毛衣和羽绒服，多数人家里的温度只能维持在 10℃左右，只有在节假日，家人团聚、生日聚会才会把温度调到 20℃以上享受家的温暖。我们会成为发达国家，却不一定成为富裕国家，就像沙特是富裕国家而不是发达国家，这有可能是未来的麻烦。

人们对未来的担忧并非杞人忧天。不幸的是灾难已经发生，只是我们还没有明显地意识到，不像电影里那样来势汹汹，那样惊心动魄，甚至被近些年我们所取得的令人炫目的成就掩盖了。自从拒绝了马寅初先生的建议，从 20 世纪 50 年代末到 80 年代初的 20 年间我国人口增加了3 亿人多，到接近 10 亿人时我们才感到事态有些严重，但为时已晚。到 2050 年我国老年人口达到 4 亿人以上时，或许我们这些未来的老人将蜷缩在冰冷的屋子里悄无声息地离去，之后很长一段时间没有人愿意提及此事，当终于有人鼓起勇气说起这段历史，或许又会把它称作历史上最凄凉的一幕，然后又有人开始反思，说当时就有学者呼吁社会养老事业已经到了火烧眉毛的时候，却没人听。

图 8-1 出自 2013 年温州一份中考试题，反映了近几个世纪洞庭湖的变化。相关研究显示 1825 年洞庭湖面积约 6 000 平方千米，1958 年约 3 100 平方千米，20 世纪中期至期末的半个世纪水域面积又缩小了近一半。长江两岸这些大大小小的湖泊起着调节水量的作用，由于上游人为活动增大了泥沙输入、沉积，以及湖泊本身不断遭围垦、侵占等多种因素，使汛期的江水无处可去造成一次次水患，才有了我们经常在新闻上看得到抗洪抢险。人们就这样毫无意识地将自己一步步推向灾难边缘。

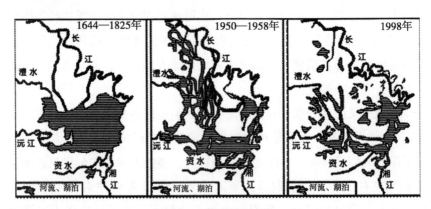

图 8-1　洞庭湖的变化

5·12 汶川地震，造成 9 万多人罹难，37 万人受伤，直接经济损失达 8 000 多亿元。这场灾难按理说不该发生，因为这里地处地震活动最频繁的地带，两侧都是陡峭的山崖与松动的岩石，不应有人居住。无人区发生地震只是一种自然现象，而非自然灾害，但人们即便清楚自己身处险境也无可奈何，侥幸在这里生活，除了在城市污浊的天空下苟延残喘，在雾霾与地震之外也没有太多选择。如果把这些事件看作某种征兆，灾难已降临，只不过是以渐进的方式，像温水煮青蛙。联想近 20

年国家在发展过程中经历了诸多问题、事件，这些事件在同一个时代的大背景下都不是孤立的。当一个人免疫系统出现问题后不会像突发心脏病那样猝死，而是先从一些细微的毛病开始，可能是轻微的感冒、脚气感染，也可能是不经意划破的小伤口，平常我们只要使用创可贴、消毒水或抗生素就能对付，甚至不去管它自己就能愈合或症状会自行消失，但此时丝毫没有减轻的迹象反而愈发严重，之后伤口开始迅速扩大溃烂，原本看上去欢蹦乱跳的一个人不久便一命呜呼。

造成汶川近 10 万人罹难的直接原因是地震使房屋倒塌，长江水患是由于流域范围连续多天的暴雨引发洪水一时排不出去，一线城市房价不断攀升是许多人投机炒作，而食品安全则是不法商家、企业为了牟取暴利。我们为了防止灾害需要对房屋进行抗震加固，为防洪疏浚河道、加固堤坝，为了抑制房价需要研究制定、出台政策措施，包括征收高额房地产税、提高首付比例、颁布限购令，而为了让老百姓吃到放心食品需要加强监管，加大对违法行为的处罚力度，分析导致灾难的原因，然后采取直截了当的办法。但我们经常感到按下葫芦浮起瓢，就像病毒会不断出现新的变种，所有这些无不涉及人口、资源与环境：汶川居民可以离开地震频发的这一地区，长江流域，尤其是中上游地区应该恢复以前茂密的森林，一线城市可以多盖一些房子，而牧场可以多养一些牛羊，多生产一些新鲜牛奶。现实的困境是汶川居民即便迁出也没有地方可去，长江流域实施大规模退耕还林后就没有地方种粮，人们会挨饿，与其现在饿死不如将来淹死，而那些铤而走险的商贩、企业似乎也在倒闭与违法之间做出选择。

40 年来我们的确取得了骄人的成绩，令世界瞩目，也从未像今天这样接近期待已久的目标，现代化强国的梦想触手可及，仿佛一艘巨轮乘风破浪，似乎没有什么力量能够阻挡它前行。然而就像一个事物总有它的另一面，在我们一路高歌猛进的时候可能正是潜在的危机将要浮出水面的时候，越是接近彼岸的时候就越是最容易遭遇暗礁、浅滩，甚至撞到冰山的时候。我们当然要给全体人民以信心，但必须有人始终保持头脑冷静，不断提醒我们未来可能遭遇的麻烦，就像铁路巡道工不断敲打钢轨发现并排除隐患，况且目前的麻烦显而易见。当眼前显现出希望的曙光时却不能不留意脚下的土地是否坚实，可能从未像现在这样松动。

　　一个人可以去冒险，一个企业可以对某个项目评估后决定进行风险投资，但一个国家承受不起失败的风险。也许不出 20 年可燃冰或其他新能源会替代煤炭和天然气，但那只是也许，如果无视眼前的事实，任由高达 90% 以上的高耗能建筑继续存在，将希望寄托在并不确定的未来，无疑是在赌博。当化石能源耗尽，不得不依赖进口时，当环境到了不能再糟、老人遍布城市大街小巷形成一片片银海时，我们面临的国际环境与国内秩序很难说是怎样一种状况：一次物价波动，一场蝗虫灾害，抑或某地区一场瘟疫引来逃难人群，或许是一场不大不小的金融危机，甚至一个看似偶然的，比如说类似毒奶粉事件，可能引发一系列连锁反应，就像蝴蝶效应，使苦心经营多年的大厦轰然倒塌。这不是科幻。

窗口期

　　前面提到的克拉玛依大农业开发建设是在公元 2000 年左右，当时市政府聘请一些专业机构进行调研论证，选择了距市区约 20 千米的地方的 50 万亩戈壁荒滩，研究分析表明这里曾是一处萎缩干涸的湖泊，土壤中有机质含量相对较高，地势平坦，立地条件相对优越。凭借雄厚的经济实力，市政府在最初几年投资数亿元铺设了给水管网、架设电缆，修建道路等基础设施，种植十多万亩防护林，开垦了近 20 万亩农田，经过近 20 年努力和持续不断的投入，这里已经变得郁郁葱葱，成为沙漠中的绿洲，一片田园风光。每逢夏日周末，许多市民都会驱车来这里采摘、烧烤。在风沙肆虐的茫茫戈壁，这里的人们终于拥有了属于自己的绿洲，唯一的缺憾是这里距市区还有一小段距离。当然，市区的生态绿化建设也在不遗余力地进行着，只是投入的资金与建设规模远不及当时的大农业，而大农业的实际经济效益与其投资相比恐怕并不尽如人意，它所营造的非常宝贵的局地小气候与生态环境却未能充分惠及市区。对此一位长期在这里从事城市绿化建设的技术负责人不无遗憾，甚至显得有些痛心疾首地说，假如当初将这些建设用在城市周边，如今的石油城毫无疑问会成为一座全国都少有的森林城市。对这样一座年均 GDP 超过 800 亿元的石油城来说，数十亿元可能不会伤筋动骨，但逝去的 20 年却成为永久的遗憾。

　　这也算不上决策失误，也许是一种必然。全社会达成某种共识总是需要一个过程，我们回顾历史时这样的遗憾还少吗？假如当时听取了梁思成的建议，我们就不会指着北京二环路说这里曾是美丽的古城墙；当一个年轻的共和国终于从长期积贫积弱的废墟上站立起来的时候，每个人都在憧憬着国家工业化，一个强大的未来。20世纪80年代，贝聿铭回到阔别已久的故土，受邀到清华大学建筑系做一次讲座，令满怀期待的学子们不解的是，他们没有听到这位世界级大师讲怎样设计钢结构和玻璃幕墙，而是莫名其妙而津津有味地说起了他们随处可见的青砖瓦房。谁也想不到50年后我们的生活会是怎样一种情形，尽管有人预见到某种未来，但没有人愿意相信，当时人们都被一种巨大的惯性或冲动所驱使，和建设拥有炼钢厂、汽车、无线电制造厂的工业化城市相比，千疮百孔的城墙显然成了阻碍城市发展的裹脚布。虽说有些道理人们早晚都会明白，但早与晚毕竟有天壤之别，有时甚至决定生死。例如二战期间中途岛之战，由于南云中将在决定航母战舰载机是否改变任务时仅仅迟疑了5分钟，致使整个战役惨败，使美国彻底扭转了整个太平洋战局，加速了日本帝国主义的灭亡。

假如当时及时采纳马寅初的建议，我们就不会像今天这样遭遇如此多的麻烦，但所有这些遗憾都不是偶然的，我们大家也不过是事后诸葛亮。事后能成为诸葛亮也算是遗憾带来的价值，如果我们明知按目前的情形发展下去会是怎样的结局而又无动于衷，那么从前的遗憾就没有价值可言，这才是我们最不想经历的。最大的遗憾不是过去，而在未来：2020年我们要让所有人摆脱贫困，2035年要基本实现现代化，2050年要进入中等发达国家行列，我们为此做好准备了吗？20世纪末我们实现了温饱，出现了大量的肥胖儿，社会诚信一度缺失，健康状况令人担忧；10年后小汽车普及到了千家万户却找不到停车位，人们花在上班路上的时间增加了不止一倍，还戴上了口罩；许多人搬进新楼房却被市场裹挟着买了第二套房以应对个人资产缩水；国家不再限制甚至鼓励生育时，年轻女性却将母爱只留给自己。这些是否都是经济发展的副产品而不可避免？当我们成为发达国家，综合国力、GDP、人均可支配收入、物价指数等一系列指标明白无误地表明我们已经实现了现代化，不知还有什么意想不到的"副产品"在恭候我们。人们不遗余力地探索未来就是希望多一些经验少一些教训。在决定一个国家、民族生死存亡的问题上，尤其是在军事上，人们是予以高度关注的。我们可以看到各种各样的接近实战的军事演习、作战计划，这些计划会在沙盘上反复推演，而且军人们反复强调战场形势瞬息万变，需要指挥员随机应变，但在和平时期人们制定各种发展计划、规划时似乎没那么高度紧张。我们是否也该像这些军人一样不断推演我们的计划、规划，设想一下在实施过程中可能出现或仔细观察正在出现的新情况、新问题，使我们的决策不断优化，在竞争中抢占先机，立于不败之地。

按照我国目前储采比，30年后廉价的化石能源时代将结束，越来越宝贵的不可再生能源，比如煤炭可能作为必要的储备用于其他燃料无法替代的用途需要保存下来，用于一些冶金行业或某种特殊领域。人们对绿色低碳生活翘首以盼，但清洁能源价格可能出乎意料，让人措手不及。我们可以利用现有的能源加快开发低能耗住区，减少对进口的依赖，也可以继续维护90%的高耗能建筑，直到它们被淘汰，再去发展新能源。在阿拉斯加的秋天，棕熊会吃很多大马哈鱼长得膘肥体壮，然后找一个洞钻进去睡觉，度过漫长的、没有食物的冬天。但人们经常相信车到山前必有路，有时不计后果的短视行为还不如其他动物，确实令人费解。人类移居火星可能是几个世纪以后的事，眼下我们需要应对的是可能出现或正在出现的危机。

目前我国经济增速放缓可以理解为发展转型时期一个必要的盘整过程，就像一家人外出打猎、收割归来，粮食、皮毛、农具、杂物，甚至还有垃圾、粪便，堆满了整个院子，需要花时间清理一下，加盖几间房子，把东西分类放好，给院子腾出干活的场地。我们现在的情况大致如此：每年向太空发射许多颗卫星，前不久我们运用长征系列火箭"一箭双星"送北斗第33颗、34颗导航卫星进入太空，北斗系统距35颗全球组网只差一步；建立了人类第三个太空空间站的雏形，第一艘国产航母将要服役，高速铁路领先世界，珠港澳跨海大桥开始通车，与此同时地方政府的土地财政即将结束，房地产进退维谷，3p模式风靡全国，股民对"新三板"充满期待，深圳出现用工荒，大学生就业难，有3 000多万贫困人口等待救助，养老问题迫在眉睫，PM2.5高烧不退，中美贸易摩擦不断升级，海上遭遇美日围堵，G20峰会如期举办，世界期待中国方案……。在令人眼花缭乱的图景中，我们至少可以看清这么几件事：我们已经解决了近14亿人的吃饭和住房问题，也就是温饱问题，这是一个巨大的成就，一个里程碑、分水岭。人能吃饱饭有地方住，才可以干活；实行了九年义务教育制，十二年制也只是时间问题，不但扫除了文盲，而且培养了大批高素质人才，农民工越来越少，大学生却越来越多，有丰富的人力资源。如果我们希望五大城市群成为国家经济的五架马车，规划云贵高原成为"康养"居住地，这些地区包括乡村土地的整合，甚至可能在基础设施领域都不需要政府直接的大规模投资，更多的是相关政策的制定吸收社会资本，作为经济行为由市场支配，人们对它的预期会伴随各种来源的投资。政府恰恰需要在相反的方向去打造黄土聚落，以补短板的策略做到发展的平衡。在宝贵的窗口期，包括村镇在内的既有建筑将陆续达到使用期限需要正常拆除，利用更新改造的建设过程调整方向，从而在时间与空间上保持均衡。

对于地球命运的担忧或许有些杞人忧天，但能源危机并不遥远，况且它又和环境问题形影不离，此长彼消。相信黄土聚落的形成不只是一种构想，可能成为国家一项面对未来的发展战略，应该是从一些最具条件与可能的地区，如兰州、太原、榆林或延安等几个试验点、试验区开始，由技术试验到社会实践。这些试验点如同星星之火，能否燎原，除了资金投入与政策扶持，国家对于能源的控制将发挥关键性作用。如果我们预判未来能源的价格不是很乐观，同时还要遏制环境的恶化，就要在它来临之前严格控制现有能源的开采，有计划地提高消费价格，逐步与国际市场接轨，做到"软着陆"。

前些年国家强行关停了许多中小型煤矿，尤其制止了那些小煤窑的无序开采，这些大部分由个体经营。在此之前新闻媒体对发生在这里的"矿难"进行了密集型报道，人们都应该清楚背后的原因，即便没有这些报道，"矿难"有时也会客观存在，意外事件也免不了发生。除了制止不断发生的安全事故，另一个目的恐怕是国家对煤炭资源的控制，因为在激烈的市场竞争中人们毫无节制的短视行为导致的结果就是让这些资源变得极其廉价，也很快会耗尽。既然国家完全有能力控制它们，就应该充分发挥这一优势，使我们面临危机有时间应对，对能源价格的上涨有一个适应和调整的过程，就像非常时期政府所采取的物资供应配给制，也让人们尽早做好准备。

记得20世纪一部国产老电影里一个老头有这样一句道白：自古以来治水的办法有两种，一个是扒，另一个是堵。社会总动员说来也不过如此，指望没有约束的市场行为或民众自觉自愿做出前瞻性选择是不现实的，顺其自然的结果往往是灾难降临时哀鸿一片。假如一个兰州居民10年后居住的房子到了使用期限面临两个选择，一是在就近购买一套新楼房，过从前一样的日子，只不过每年采暖费不是现在的2 000元而是需要6 000元，再过几年会接近10 000元，届时政府会定期发布对高耗能建筑的采暖价格的强制性标准；另一个是在附近的山地开发建设的新型窑洞，那里的采暖费不升反降，每年可能只需要几百元，而且房价可能不到前者的一半甚至更低，他自然会选择后者。

关于产能过剩

一辆小汽车停在地下车库半年不动可能就发动不起来，一年后有可能报废，所以至少每隔一周就要把车发动着，或开出去转一圈，但停放在城市周边的堆积如山的挖掘机、装载机和随处可见的混凝土搅拌站却没那么幸运，几年之后将变成废铁。国务院《关于化解产能严重过剩矛盾的指导意见》（国发〔2013〕41号）指出：2012年年底，我国钢铁、水泥、电解铝、平板玻璃、船舶产能利用率分别仅为72%、73.7%、71.9%、73.1%和75%，明显低于85%左右的国际通常水平，直接危及产业健康发展，甚至影响到民生改善和社会稳定大局。而这些又大多集中在建筑行业。

建筑市场伴随房地产市场，自2015年开始明显萎缩，在其前端的建筑设计业务量，例如一些设计院已经提前每年以20%的速度迅速下滑，与之相关的专业，包括建筑专业在内的规划、景观、市政等普通高校毕业生在本专业就业人数也明显下降。而在它身后的钢铁、水泥、平板玻璃、电解铝等行业则是大面积亏损，不得不去产能。虽说长痛不如短痛，这些产能如果不及时疏导利用，损失是惊人的，数量也是可以算得清的，但人力资源的浪费却无法用数字显示。

丰富的人力资源、发达的基础设施和巨大的产能是我国近40年积累起的最有价值的财富，是我们迈向现代化的物质基础。化石能源耗尽之前我们要做的事情太多，我们当然需要淘汰落后的产能，但说产能过剩可能只是暂时的，怎么利用好这些资源才是关键。仅建设3亿人的黄土聚落就相当于建设一个庞大的国家，以人均投资 50 万元计，需要完成固定资产投资 150 万亿元，是全国 2 年的 GDP 总量，以平均每年 1 000 万人的安置速度，也需要 30 年，每年至少完成 5 万亿投资，需要上千万个工作岗位。与此同时我们需要继续调整改变能源结构，在巴丹吉林沙漠、塔克拉玛干沙漠等光照充足的地区建设光伏能源基地，积极拓展可再生能源，最终摆脱对煤炭的依赖。

2016 年全国铁路营业里程达 12.4 万千米，高铁达 2.2 万千米，到 2020 年，这一数字将分别提高到 15 万千米和 3 万千米，高速公路里程已经突破 13 万千米，基本覆盖了全国城镇人口 20 万人以上的城市。以高铁为代表的总体交通骨架形成后，将向下一个层级推进，经济时速 100~150 千米中高密度铁路网将在五个城市群和两个聚落集中构建，其中五大城市群铁路网密度可能将达到每百平方千米 40~50 千米，两大聚落每百平方千米 10~20 千米，需要新增里程是目前全国的总量；80% 以上衰败的村庄需要拆除恢复为耕地，保留的村镇将集中建设美丽乡村，长江中游有 1.3 万平方千米被围垦的湖泊和东北 1.13 万平方千米的三江平原沼泽需要恢复，与此同时五大城市群的开发建设与更新改造将全面展开……，这一切需要重新唤醒开始沉睡的力量，包括所有水泥厂、钢铁厂、玻璃厂、工程机械、混凝土搅拌站和所有的工程技术人员。相较于过去 40 年，未来 30 年我们的建设规模与发展速度可能会出现爆发式增长，而过去的 40 年更像是为"提速"做准备。

交通部门数据显示：2017 年春运 40 天，全国铁路、公路、水路、民航共发送旅客约 27 亿人次，完成全国人口大迁徙：有 2 亿多人乘高铁出行，高峰时段铁路每天发送上千万人次，反映了我国发达的交通基础设施状况。相关数据显示：2000—2014 年我国建成的房屋建筑面积达到 340 亿平方米，按人均房屋建筑面积 80 平方米，这些建筑包括住宅、办公楼、学校、医院、展览馆、火车站、机场、酒店、商场等，平均每年创建一个3 000万人口的发达国家，未来30年更需要依靠这些产能。产能没有过剩，在找到出路之前我们或许不必急于"断腕"，否则会比当初扩大这些产能更加盲目。也可以说我们已经准备好了，正蓄势待发。

诺亚方舟

图 8-2 这是位于美国亚利桑那州的"生物圈 2 号"实验项目。该项目做了一个迷你版的地球生态系统：在 1 万多平方米的全封闭透明的空间内将人们所知道的、能够生存的环境因素，包括人工降雨、土壤、

图 8-2 "生物圈 2 号"

动植物，还有农作物等，依靠光合作用和生态微循环，可以在里面长久地生存下去，希望有一天人们移居火星或其他星球能够创造人的生存环境。由于氧气未能顺利循环，不足以维持实验者的生命，此外降雨失控、多数动物灭绝、为植物传播花粉的昆虫全部死亡、黑蚂蚁爬满建筑物等，未能达到实验目标，表明在已知的科学技术条件下，人类离开了

地球将难以永续生存，同时证明地球目前仍是人类唯一能依赖与信赖的维生系统（百度百科）。有人说实验以失败告终，其实对于一项科学实验无所谓失败与成功，关键在于结论，它告诉人们地球生态系统远比我们想象的要复杂得多，登陆火星依然任重道远。看来在短期内要实现这样的目标没有想象力是不行的，而且需要全社会广大群众的广泛参与。

一个叫巴斯·兰斯多普的人有可能担负起这一使命。2011 年，这位 34 岁的荷兰工程师受电视节目真人秀的启发，开始酝酿人类移居火星的、具体而详细的计划，并积极行动起来。他和美国、欧洲宇航局专家以及荷兰著名太空技术教授进行了充分沟通，了解到人类太空技术已经具备了登陆火星的技术条件，而且明白指望政府的官僚机构是做不成这件事的，于是在 2013 年，就在他所在的城市的一幢办公楼租了办公场所，成立了"火星一号"机构，一个非营利组织，注册地址就在他家，来实施这一大胆的计划（图 8-3）。

图 8-3　火星一号栖息地设想

计划分为两部分，第一部分是技术，就是运输工具和必要的装备，包括去火星的宇宙飞船，还有在飞船和火星上穿的衣服，还有其他各种生活用品等。因为火星可不比地球，那里什么都没有，甚至连呼吸的空气和饮用水都没有，就要带上太阳能发电设备和制造氧气和水的设备等。专业化的装备都由美国和英国的专业机构提供，据悉该组织已经和著名的洛克希德马丁公司、英国萨里卫星技术有限公司（SSTL）以及其他一些公司展开合作。宇宙飞船由前者制造，通讯设备后者提供，至于其他锅碗瓢盆之类在荷兰本地就能买到。巴斯说第一批到火星的移民生活条件比较艰苦，只能吃一些素食。按他的说法可能像是方便面、榨菜、烤红薯之类，过两年才可以吃到昆虫、小鱼苗什么的。

计划的第二部分是人，就是培训第一批火星移民。计划先在全世界招募志愿者。自火星一号网站发布招募公告，至 2013 年年底已经有 20 万名志愿者报名，第一批志愿者就在这 20 万人海选产生，初步确定选择 24~40 名，每 4 人一组，每组 2 男 2 女，经过 7 年宇航员培训，于 2023 年出发，经过大半年飞行到达火星，而且他们将终身定居，是单程票。

国际组织、各国政府机构尚未对此予以回应，也没有提到拨款的事。这个计划首先需要一笔庞大的资金，钱从哪儿来呢？志愿者可以自备干粮、被褥、茶叶、水壶、牙签、口红、钱包、电饭煲，以及其他诸如此类，但宇宙飞船、太空服不可能免费制作。不过这正是巴斯受真人秀节目启发的神奇之处：资金除了志愿者的报名费、捐款，主要是举办淘汰赛，通过每一轮角逐、电视媒体真人秀节目，还有在火星探险生活的视频制作的节目，并转让这些节目播放权，那将是万众瞩目的赛事，关乎全人类的命运，资金也会源源不断涌入。不过事情进展没有像他期待的那样，航天专家在 2013 年 5 月于美国举行的一次火星专题会议上发表声明，强调"火星一号致力于让首批移民在 2023 年登陆"，同时坦承"没有任何对于项目进度的保证"。

其实巴斯早已给他们说清楚了，事情很明白，巴斯不会再给他们提供任何所谓书面保证了。他很清楚一旦提供了第一份书面文件，那些所谓的委员会或专家们就会要求对方提供更为详尽的书面报告，诸如数据来源、可行性研究、风险评估、法律框架、实施计划的细节等，然后就是无休无止地讨论、提案、再讨论。他要指望这样的官僚体系做出决定就会穷尽火星一号同仁们毕生的经历，到那时火星早已不知漂到什么地方去了，人类就会错过登录火星的最佳时机。

有媒体爆料说该计划纯属商业炒作，是一场骗局。据一家研究机构分析，实施此项计划大约需要 60 亿美元，据悉实际募集到的资金只有 100 万美元，可谓九牛一毛，计划也一推再推。巴斯后来也打起了退堂鼓，告诉记者说计划可能无法如期实施。但他没有骗人，没有使用化名，也没有隐瞒真实的注册地点，更没有打匿名电话声称自己是海牙国际法庭的某反贪机构并怀疑对方参与洗钱，说为了安全起见要对方将钱转入他们指定账户。然而不管怎样它之所以会引起广泛关注，有这么多人提出申请，至少表明人们相信登陆火星就像相信可以飞上天一样。然而就目前来说这种未来的计划或许是少数有钱人的游戏，或是基于人们对未来人类命运的担忧，只是距我们当下的现实生活仍然显得遥不可及，不能像火车站的民工一样扛着行李去火星摘棉花。

以地球人目前了解火星的生存条件来说，气体中 95% 是二氧化碳，地表最低温度在负 130℃ 以下，在地球任何一个荒无人烟的角落，无论环境糟糕到什么程度，哪怕遭遇冰期甚至核灾难，恐怕并不比那里更糟。这里涉及一个有些令人不安的伦理问题，就是人们对地球的未来不抱希望时，认定它将毁灭，不再做出努力，潜意识地破罐子破摔，会更加毫无顾忌地挥霍资源，然后不负责任一走了之。况且并非所有人都可以离开，只有少数精英，就像灾难片《2012》，这种潜在的动机不符合社会文明信念。如果移居火星是出于对未来的担忧而需要建造诺亚方舟，至少在 21 世纪人类可能还是跑不出地球，即使可以离开，地球仍将是最可靠的大本营，那我们就没有必要舍近求远，不妨将生物圈 2 号的外部条件不必设置的那么苛刻，不需要全封闭。像黄土聚落这样的低碳住区就是一种非常现实的选择。与其在火星寻找居住地，倒不如在这里保留一处真实的避难所。

　　如果我们在黄土高原真的实现了预期目标，届时人口数量也会开始大幅下降，黄土聚落是否会因此衰落？如果从价格上有了可替代的清洁能源，数十年举全国之力所做的一切是否成为一时的权宜之计而又形成新的浪费？答案是否定的。

　　我国耕地始终处在紧缺状态，人口数量依然庞大。新中国成立初期我国人口有 5.4 亿人，到 1960 年上升到 6.6 亿人，三年自然灾害期间死于饥荒的人数众多，说明在当时人口已经超过抵御自然灾害的极限，有学者说我国理想的人口规模应该 6 亿～8 亿是有道理的。由于人口过度膨胀导致资源稀缺，就业与生活压力加大，加之实行计划生育以来独生子女生活自理能力明显退化，以及知识女性生活观念转变等，导致当前年轻人生育意愿普遍不高，人口学家推算 2050 年我国人口会在 12 亿人左右，到 2080 年我国人口数量甚至可能降至 8 亿人，不过这种线性推算也只是一种猜测。但即使这样，30 年后或再往后相当一个时期我国人口数量依然庞大，就按当前农业所占 GDP 比重和人均 GDP 来看，要达到某种均衡状态，农业人口不应超过总人口的 10%，甚至更低（美国农业人口大约只占全国人口的 1%），不会超过 1 亿人，我国其他地区的 3 亿人口，尤其是农业人口将会继续向"两极"转移。未来规模化、集约化的农业生产和其他实体经济一样，随着智能化的升级改造，乡村人口还会进一步减少。人们正在研发的无人驾驶系统在农业机械使用方面会快于城市交通，因为一台联合收割机在大田里要完成的作业任务相对于城市小汽车要简单的多，我们只要设定好它的作业范围与作业程序就不会出现太多问题，在室内进行遥控作业，一个人同时操作几台设备不会比电脑游戏更复杂，现在的游戏玩家可能就是未来的拖拉机手，那些生产谷物类的粮食主产区会成为无人作业区，其他实体经济也大致如此。

如果说权宜之计，那也是利用当前过剩的产能来缓解因人口过多而造成的压力，与之相伴的结果却是最终结束长久以来水土流失的恶性循环，恢复黄土高原原有的生机。同时也不排除另外一种可能，即经过二三十年的发展，这里已经培育出成熟的产业体系，相对低廉的运营成本仍然具有吸引力，或在旅居养老方式中更多选择在此居住，其中也不乏境外养老机构和消费者。

还有一点十分重要：这里会充当国家经济的缓冲器与人力资源的蓄水池。国际形势与世界经济的发展总是会出现波动，从来就没有稳定过，有时我们无法控制只能应对。当市场出现萎缩时，高度外向型的五大城市群不可避免会受到影响，出现失业，人们需要规避一段时间度过经济寒冬，就会有许多人"回流"，处在经济活动的半休眠状态，这一时期人们可以接受继续教育或举办文体活动，修身养性以逸待劳。那时我们可能常会听到一句口头禅"大不了我回到黄土高原"，当经济回暖时，人们又会从这里倾巢而出，这里会逐渐成为经济"候鸟"的另一处栖息地，由于大数据与智能化的快速发展，人们在这里远程操控的工作也会时间会越来越长，也就有可能演变为许多上班族永久居住地。

另外，黄土聚落作为我国特殊发展阶段的产物，留下深埋在土中的永久性空间，仍将扮演不可或缺的角色。比如苏联和美国在冷战时期分别制造了成千上万枚核弹，其中各有一千多枚战略核弹头，爆炸威力都在数十万、甚至是百万吨 TNT 当量，足以毁灭地球数次。我们的确不知道未来 50 年会发生什么，但只要这些"达摩克利斯之剑"存在一天，这些地下空间就有存在的价值，如果有一天真像科幻片一样由于核武器失控遭受严重污染，或气候环境日趋恶劣而威胁到人类生存，这里或许可作为人类移居火星计划的替代品。如果数据管理与远程控制成为日常管理的主要内容，黄土聚落可能成为中国未来的心脏与大本营，许多大型数据中心隐藏在地下，构成全国，甚至是世界最大、最安全的神经中枢。

文明的境界

在自然界没有了竞争对手后，人类种族内部，包括国家、民族与部落，甚至个体之间的冲突、交流、融合与竞争成了社会发展的动力，而不是羚羊与狼之间简单的协同进化。这种动力会驱使人们走向何方？尤瓦尔·赫拉利在《未来简史》中推测未来世界由一小部分人类精英主宰，这些精英无论在身体还是智力又由于科技发展几乎变得长生不老并得到大数据与可靠程序的强力支撑，甚至像科幻片所描述，由先进的、不断自我更新的计算机程序或人工智能所主导，而不是追随多数人的意愿，这无疑是在宣告人类历史终结，是个令人沮丧、无法接受的未来。他的推断可能有道理，但不是问题的关键，如果真到了这一步，人们只好听天由命。未来学的任务不应只是极端理性而又悲观的推测，更应该是一种引领，具有某种导向，使人们对未来充满希望。对于历史我们只能评述而无法选择，未来则不同，哪怕像乌托邦或田园城市这样的构想，它代表信念，决定了人们的行动方向与准则，在考验我们的智慧，这种智慧又决定了我们选择的发展方式与目的是否得到了多数人的认同，在群体之间竞争与交流中是否形成社会发展主流，又能否让古老的文明延续，或被再次激活并得以复兴。

尤瓦尔·赫拉利与阿尔温·托夫勒都是犹太人，这既不是巧合也不令人吃惊。因为他们当中杰出人物实在数不胜数，包括当今的格林斯潘、基辛格、默多克、斯皮尔伯格或索罗斯之类，更不必说爱因斯坦、弗洛伊德、马克思，甚至耶稣。他们曾经的家园被罗马帝国所灭，之后开始了长达十九个世纪的漂泊，直到第二次世界大战结束浴火重生。如果说当今世界由美国主导，犹太人又在很大程度上左右或影响着美国，那么他们已经接近世界权力的中心。这个民族何等优秀无须多言，我们的崛起已经与他们不期而遇，我们在其艰难的历程以及后来的所作所为中得到了怎样的启示，或者说相比之下我们又有什么优势可言？无论作为人类优秀的代表、未来的合作伙伴还是潜在的隐形对手，都不得不予以关注。

在他们先辈起草的《圣经》中有这样一个故事：雅各与他的财主叔叔约定再为叔叔做几年工，承诺什么都可以不要，唯一的要求就是带走那些为数不多的、带斑点的羊。由于隐藏着杂交的玄机，几年下来原本非黑即白的羊群几乎都变成了带斑点的羊，最终雅各带着老婆孩子满载而归，留下了他的傻瓜叔叔。这个故事原本可能只是告诉人们一种契约精神或对贪婪与短视报应，或者教诲人们弃恶扬善，然而到了现在却让人感到这是利用契约与人性弱点的精明算计，已经不再是公平交易，早已违背了上帝的旨意，更谈不上契约精神，与现在的合同欺诈本质上没什么区别，甚至是当今世界在强权威逼下的一种巧取豪夺。在一些宣扬犹太人智慧的书中可以看到有时他们拒不接受赔偿而坚持履约的要求，这种要求是基于更长远利益的考虑，就像《威尼斯商人》中夏洛克不接受加倍偿还而坚持要割下安东尼奥身上一磅肉以便永远清除高利贷的绊脚石。失去家园使他们没有土地可以耕种、开办工厂，习惯于随身携带财产随时可以出走，金银细软、货币、借据成了他们最擅长打理的东西，于是金融、投资、股权与债务，这些市场经济最核心的支配力量成为他们最早介入的领域，也就最早发现金融资本的奥秘。当一个犹太商人看到一个铁匠作坊未来的前景时，他会告诉铁匠可以多盖几间作坊、多雇几个人将生产规模扩大 10 倍，如果没有钱，他可以借给铁匠 1 000 元钱，如果一年之内连本带息还不了就不用还，不妨每年将销售额的 5% 作为投资回报。铁匠粗略算了一下每月卖出去 100 元的锄头，包括原料与人工成本不过 70 元，"夏洛克"拿走 5 元，自己可以赚 25

元，非常划算。但五年后铁匠感到事情有些不对头：由于市场规模扩大到原先的几十倍甚至上百倍，"夏洛克"用赚来的钱以同样的方式又投资了另一个铁匠铺，市场竞争让利润摊薄，管理成本也在不断上升，虽然年销售额达到1万元，但利润率已不足10%，"夏洛克"早已收回投资也取得了丰厚的回报，每年还要继续拿走大部分利润，而这些利润是他和上百个整天汗流浃背的工人辛苦创造的。此时铁匠想要解除合约，而对方又不肯轻易放跑这只下蛋的鸡，头脑单纯又容易激动的铁匠很有可能一怒之下打爆他的脑袋，自己也落得个家破人亡。

犹太商人以这种利滚利的方式孜孜不倦地积累着财富，比起工厂要扩大再生产，金融的扩大再生产要容易得多，因为前者可能意味着需要增加一条生产线，而后者即使有1万元钱也可以增加一块钱本钱。看似不经意间社会财富像雨水冲刷地面一样通过下水道不断汇聚，随着时间流逝这些财富增长的指数效应逐步显现。尽管这些勤俭的人始终保持着低调，但仍然不可避免地招致铁匠们的怨恨甚至引来杀身之祸，恐怕这也是他们寄居他国屡次遭难的原因之一。这一点他们应该比谁都清楚，于是痛定思痛，而改进的策略则是尽一切所能拥有主权、武装力量或寻找新的、能够掌控的宿主，但并未改变那些银行家攫取财富的方式，反而这种强势的做法势必引起更大的反弹。本来借贷付息、投资分红是正当合理的要求，但资金成本、资本收益率以及资本价值的评估等模糊而又复杂的数字游戏对于借钱人来说实在过于复杂。铁匠擅长打铁但不擅长计算，就会出现漏洞，借贷双方对契约的把控时常处在不对等的地位，急于解困时更像病人面对医生，主动权完全掌握在医生手里。安东尼奥为了帮朋友解困向夏洛克借钱，夏洛克则是为了永恒的利益和利益最大化，如果心术不正、乘人之危又精于算计——多数人毕竟或多或少都是有缺陷的，长此以往，结果就会是所有铁匠终年都在为夏洛克打铁。但铁匠的脑袋又不是铁打的，他不擅长算计就像夏洛克不擅长打铁一样，谁都会吃一堑长一智，如果医生不善待病人自己也不会善终。当然，夏洛克如此冷酷也不是没有原因，那就是"宿主"并不总是善待他们，常会遭到驱逐，也会因饱受歧视、怨恨已久而变得铁石心肠。

对于这样的是是非非中国人有自己的心得，所以才有"冤家宜解不宜结""己所不欲勿施于人"思想。东西方文化的差异可能源于耕种与游牧的区别，前者希望在人的群体关系中大家相安无事，后者更倾向于丛林法则。犹太人在狼群中不仅学会了狼叫，也学会了猎杀，就像他们的猎手西蒙·维森塔尔或摩萨德，以此警告他的敌人来确保自身安全。他们从亲身经历中形成了自己的世界观和生存之道，随着越来越接近世界权力的中心，那些席卷世界的金融风暴以及许多乱局的出现，也让人产生了越来越多的疑虑。他们从未像今天这样强大，人们猜不透这些创造了圣经的人是否能像教义中所提倡的那样宽容，更重要的是经历了无数苦难甚至灭顶之灾，现代"拉比"们如何看待这个世界，这也决定了世界如何看待他们。如果无视别人的存在同样也会遭到别人的蔑视，这样的强大究竟能维持多久？中国虽然在近代也经历了一个世纪的屈辱才站立起来，但长达五千年的文化积淀更提倡包容，大中华早已不是单一种族，华夏文明在历次劫难与各民族间的碰撞中融合了羌人、胡人、女真等所谓蛮族，最终成为一个大家庭。如果说西方文明是基于一次次战胜对手不断变得强大，那么东方文明则是因包容而兴盛，在中国传统文化中那些精明的算计只不过是一些计谋，上升不到智慧层面。但即使是计谋，像《三国演义》《孙子兵法》这样的作品恐怕早已将其推向极致，而"得道多助""厚德载物"等信条才是中华文明的价值取向与处世哲学。我们所崇尚的大智慧应该是德才兼备，就像《白鹿原》里的白佳轩，而不是精于算计的鹿子霖。那些中国威胁论的鼓吹者只不过别有用心，只是听信者不懂或无法理解这种文明的差异。或许正是这种差异会让我们在竞争中剑走偏锋更胜一筹。

在一些旁观者看来，犹太人的另一个问题可能是人口数量。目前，全世界大约只有1 800多万犹太人，还不足北京市人口，其中600多万人生活在以色列，在那里奇迹般地使希伯来语复活，但毕竟国土空间有限，不可能有大规模人口扩张；又有600多万人生活在美国，在这个移民国家没有主客之分，使他们如鱼得水，只占2%的人口几乎左右着美国经济并深刻地影响着世界，其余1/3散居各国。在美国如果他们的人口占了20%，甚至10%，可能会毫不费力地完全掌控这个国家。人口数量的"后天不足"或许使他们处在一种两难的境地：如果继续坚守传统、保持其独立性，愿意相对封闭不与外族通婚，就不可能在二三十年的时间将人口规模扩大几倍，反之则面临被同化的危险，这又违背了他们以往的信念。这也许是他们愿意相信一个民族完全可以"质量"取胜的理由，也可能是尤瓦尔·赫拉利对未来推测的一个潜在因素。但值得我们思考的是他们自身的这种优越感会不会聪明反被聪明误，毕竟人的智慧并非与生俱来，正如恩格斯说劳动创造了人，犹太人的智慧是在长期的磨难中孕育而成，也可能是西方文明世界累计欠下他们长达十九个世纪的债务。这也提醒人们凡事总有个度，其他民族也会在与他们的交流中汲取经验和教训。当然，我们不能对一个民族整体做出简单而明确的评判，而且这么做也是愚蠢的，因为在其内部并非铁板一块，犹太人中既有马克思也有索罗斯，德国人中既有希特勒也有辛德勒，只有在不同民族与文明的交流与融合中大家才会进步、应对共同的问题，相信他们对此早已有了答案。或许他们仍然希望躲在幕后保持低调假以时日，反正无论什么问题好像总是难不倒他们。人们更希望他们像《哈利波特》中的那些小精灵一样，成为人类资产的管理者与守护者，毕竟我们看到赫拉利也同样具有耶稣或马克思悲天悯人的情怀。相比之下占世界四分之一人口的中国则具有先天的开放心态，而中国传统文化所倡导的谦虚不是虚伪而是需求，深厚的底蕴让任何一种外来文化都只会进一步丰富她的内涵，而不会被取代，从这一意义上说中国的崛起与强大会显得更加坦然与自信。

但这并不表明我们就比别人聪明，而且我们自身的问题也是显而易见。狮子会一边游荡一边以撒尿的方式标明它的领地并提醒入侵者，这些食肉动物喜欢散居或独处是对资源有限性的本能反应。我们则像羊群一样，虽然主张彼此之间和谐相处但又不是羊，有锋利的牙齿不容狮子侵犯，这样一来有时往往变得没有节制，大家挤在一起东游西逛，所到之处常使自己赖以生存的环境一片狼藉而自己一度浑然不知。如果说我们已经顿悟了人与人之间的关系，那么对于人与自然就必须反思、向西方学习，借鉴他们的经验，所幸我们也善于虚心学习——这才是问题的关键。虽然我们可以从祖先那些晦涩难懂的训诫中得到一些解释，但毕竟西方国家早于我们遭遇到这些麻烦也有了深切的体会和系统的研究，这是需要人们共同应对的问题。

考古学与现代生物学研究表明，人类大约在 20 万年前（通常我们了解是 200 万年）基本完成了生理进化过程，开始直立行走，由猿进化为早期智人，与现在的我们已没有太大区别，只是看起来比较粗糙，没有各种化妆品与五颜六色的服装，此后进入知识与智慧的成长过程，直到全新世，也就是约 1 万年前才进入有文字记载的社会文明历史。人既没有熊的力量、豹的速度和猫的敏捷，没有蚂蚁一样的团队协作与自我牺牲精神，更没有蜜蜂勤劳，既不能像鹰一样在天空盘旋，也无法像章鱼潜伏海底，从各方面看人类较其他动物在体能上无任何优势可言，但凭借知识与智慧从所有动物中脱颖而出。这些知识与智慧包括对工具和能源的使用，对各种信息的传递、记忆、存储、梳理，以及由此产生的推断、联想与反思。能源驱动的各种精密而复杂的工具让人获得了几乎无所不能的力量，这些力量的形成过程也是潘多拉魔盒被打开的过程，最终使人成了自己的天敌；也是在此期间人们从膜拜、抵御自然，到了解与利用自然，再到破坏并意识到需要保护自然，才逐步认识这个世界大致的轮廓与运行轨迹。起初人们对各种自然现象充满了敬畏，相信神的存在，包括风神、雷神、爱神、太阳神和玉皇大帝等，后来人们了解了这些现象背后的奥秘，就像皮影戏的观众绕到幕布背后，这些想象中的神又逐步被人自身的知识与智慧所取代。当人们不再相信上帝时自己俨然成了上帝，以为能够为所欲为，而科学研究让人逐渐了解了生命的机理，但并不清楚生命的意义，因为这个问题过于抽象，无法用图表和显微镜来解释。科学对生命的阐释是：人只是地球生态系统的一个物种，和北极的冰盖、大气环流、树木、河流、大象、老鼠甚至苍蝇、蟑螂共同组成一个有机整体，一个更大的家庭。不管你喜不喜欢，蟑螂确实是我们的远亲，人们这才明白要想青山在就不能乱烧柴。知识不等同于智慧，如果前者代表力量，后者则要为其寻找方向，否则文明缺失。

窑洞曾是黄土高原贫困落后的代名词，有资料显示 20 世纪 90 年代甘肃省庆阳市在建设示范新村时号召村民告别窑洞，掀起一股弃窑建房的热潮，搬进由政府资助建造的砖瓦房，但村民很快发现住进新居后每年冬天需要烧 2 吨煤，夏季又酷暑难耐，不仅增加了沉重的经济负担，还占用了耕地。而在太原市马店乡的一个村也出现了类似的情况，一年后大多数人又搬了回去，地面上的房子完全成了"新农村"的摆设。这一段小插曲像是过去与未来窑洞聚落兴衰变迁的缩影。如果我们将人类早期文明到今天的一万多年放在地球形成的 46 亿年中，哪怕置于灵长类动物出现后的历史中也不过是短暂的一瞬间，但这却是一次华丽的转身，因为我们要返回的已不再是单纯意义的窑洞了。

人类文明的理想境界应该是人们既能穿着宇航服在太空飘来飘去，也可以光着膀子与猴子称兄道弟，我们祖先天人合一思想放在今天好像就是这个意思。中华文明源于自然也会融入自然，源于黄土也将回归黄土，我们不断探索苦苦寻觅，最终发现答案竟如此简单，这也应该称得上是大道至简。毛泽东说"一万年太久，只争朝夕"，谁也不知道一百年后世界是什么样，甚至于五十年之后的情形也猜不到，但二三十年的规划目标相对清晰，值得所有中国人期待：当西方世界对中国崛起表现出某种疑虑时，我们将以自己的方式跨越中等收入陷阱。

后　记

本书第五章所引述《掩土与薄壳》是以本人为第一作者，于2011年发表在西安建筑科技大学学报的论文，也是本书的胚胎。

急功近利与技术官僚所形成的学术氛围会让人心灰意冷，常使我们头脑中产生的一些灵感像流星一样随即消逝，而当时王军教授对这篇论文给予的热情鼓励据悉在一般审稿意见中并不多见，尤其对第一次心怀忐忑的投稿人愈显珍贵，这在一定程度上促成了本书的写作；在对掩土建筑，也可以说是对改进型窑洞的探索得到肯定，印证了我之前的一些猜测，表明它可能是一种比较新奇的想法，也就不由自主地琢磨形成这种庞大聚落的可能，进而联想到云贵高原，以及由此可能使我国人口与经济的空间格局产生分异，甚至被重塑。这会涉及社会体制机制、文化、经济、生态和人的生活方式、习惯与价值认同等方方面面。这些问题远远超出本书的承载力与作者有限的能力，但不应妨碍作为一名工程技术人员从专业视角对未来提出一种构想——尽管本书无论从学术水平还是写作技巧都乏善可陈，甚至羞于见人。这是一种社会责任，也正如王军教授所说，符合科学探索的精神，使我一直对这位教授心存感激。

这里还要提到两个人，一个是我大学同窗与多年至交，向群。当我向几位并不十分了解建筑专业的朋友提出我的想法时，得到他同样热情的鼓励，我曾半开玩笑说在这些人当中只有他听懂了，而他却谦虚地回应说其实他也不懂，但他相信我！另一位则是以前与我合作默契的同事张同升博士，尽管年龄小我许多，但良好的学术素养与严谨的做事风格总是令我感到有些惶恐。这本书的雏形分别请两位过目时得到近乎阴阳两极的教诲，前者鼓励有加又循循善诱，后者则毫不客气——指正。我想一个人如果幸运地有这两位朋友，哪怕是其中之一，无论做什么都不会感到孤单。这里当然也离不开我家人的支持。

此外我还要感谢新疆建筑科学研究院规划分院成江华院长和他的助手郑光远博士的支持，没有他们那些年轻可爱的员工无条件的热情帮助，从简图绘制、矫正、修改和文本编辑等，我会感到举步维艰。他们是：朱新国、刘坤、文静。

最后我要特别感谢另一位大学同窗，北京工业大学王淑芬教授。当她阅读完书稿一边激励我，一边立刻行动起来，甚至动员家人，向她熟悉的出版社、编辑鼎立推荐这部书稿，并一直关注着事情的进展。这也是源于当年我们这些学子守望一种信念并终其一生的共同心愿，以及由此将我们联系在一起的珍贵情谊。这种情谊像深埋在岩石里的泉水，平时我们很少去想它，然而一旦涌出，虽波澜不惊却沁人心扉。

刘文翰

2019 年 1 月　于乌鲁木齐

作者简介

作者　刘文翰
　　　1987 年毕业于北京林业大学园林设计专业
　　　风景园林　高级工程师
　　　国家注册城市规划师、建筑师

效果图制作　晁峥玲